Architettura militare di fine Ottocento

La difesa costiera e l'impiego delle batterie dello Stretto di Messina

Armando Donato

BAR International Series 2784

2016

First Published in 2016 by
British Archaeological Reports Ltd
United Kingdom

BAR International Series 2784

Notebooks on Military Archaeology and Architecture 11
Architettura militare di fine Ottocento

© Armando Donato 2016

The Author's moral rights under the 1988 UK Copyright, Designs and Patents Act,
are hereby expressly asserted.

All rights reserved. No part of this work may be copied, reproduced, stored, sold,
distributed, scanned, saved in any form of digital format or transmitted in any form
digitally, without the written permission of the Publisher.

ISBN: 978 1 4073 1464 8

Cover Image:

Stemma della Reale Casa di Savoia, cinto dal collare della SS Annunziata, che orna
l'ingresso principale della batteria Masotto, Messina (foto Donato).

Printed in England

All BAR titles are available from:

British Archaeological Reports Ltd
Oxford
United Kingdom
Phone +44 (0)1865 310431
Fax +44 (0)1865 316916
Email: info@barpublishing.com
www.barpublishing.com

Notebooks on Military Archaeology and Architecture

Edited by Roberto Sconfienza

La collana promossa dai BAR, di cui questo libro costituisce l'undicesimo volume, nasce in seguito al desiderio di poter aprire uno spazio autonomo per le pubblicazioni di un settore specialistico degli studi archeologici e storico-architettonici, che è quello relativo al più ampio tema della storia militare. Non si danno perciò fin d'ora limiti cronologici o spaziali, volendo fornire al maggior numero di studiosi la possibilità di pubblicare studi inerenti il tema della collana. Per comunicazioni e proposte di pubblicazioni fare riferimento al responsabile:
ROBERTO SCONFIENZA

* * * * *

La collection lancée par les BAR, dont la présente édition constitue l'onzième exemplaire, remonte au désir de faire place aux publications concernant le secteur de l'histoire militaire, un secteur très spécialisé dans le panorama des études d'archéologie et d'histoire de l'architecture. Dans le but d'offrir au plus grand nombre d'auteurs la possibilité de publier leurs ouvrages, on n'a donné aucune limite spatio-temporelle aux sujets traités. Pour tout renseignement et proposition de publication s'adresser au responsable:
ROBERTO SCONFIENZA

* * * * *

The series, promoted by BAR, of which the present volume is the eleventh issue, originates from the desire to open a new, autonomous ground for specialized publications concerning archaeological and historical studies, in particular relating to the wider field of military studies. No boundaries are set, concerning time and space, since the aim is to offer the most scholars the possibility to publish their works relating to the topic of the series. For any further suggestions and proposals of publications please contact the editor:
ROBERTO SCONFIENZA

* * * * *

Der vorliegende Band stellt die elfte Nummer der neuen von Bar geförderte Reihe dar. Diese Serie entsteht infolge des Wunsches einen selbständigen Platz zu schaffen, der für die Ausgaben eines fachmännischen Gebietes von der archäolo-gischen und architektonisch-geschichtlichen Untersuchungen bestimmt ist. Von jetzt an, setzt man keine chronologischen oder räumlichen Grenzen; auf diese Weise hat ein größer Teil der Gelehrten die Gelegenheit die Untersuchung über den Gegenstand dieser Bücherreihe zu veröffentlichen. Für die Mitteilungen und Veröffentli-chungs-vorschlage darf man sich auf den Verantwortliche beziehen:
ROBERTO SCONFIENZA

Roberto Sconfienza,
- via Claudio Beaumont n. 28, 10138, Torino, Italia
- via per Aglié n. 12, 10090, Cuceglio, (Torino), Italia
n. tel. 0039-011-4345944; 0039-0124-492237; 0039-333-4265619
mail: robertosconfienza@libero.it
sito internet: http://www.archeofortificazioni.org

NOTEBOOKS ON MILITARY ARCHAEOLOGY AND ARCHITECTURE

Edited by Roberto Sconfienza
e-mail: robertosconfienza@libero.it

No 1	ROBERTO SCONFIENZA, *Fortificazioni tardo classiche e ellenistiche in Magna Grecia. I casi esemplari nell'Italia del Sud*, Oxford 2005	BAR International Series 1341 2005
No 2	GIOVANNI CERINO BADONE, *La guerra contro Dolcino "perfido eresiarca" (1305 1307). Descrizione e studio di un assedio medioevale*, Oxford 2005	BAR International Series 1387 2005
No 3	PAOLA GREPPI, *Provincia Maritima Italorum. Fortificazioni altomedievali in Liguria*, Oxford 2007	BAR International Series 1839 2007
No 4	ROBERTO SCONFIENZA, *Pietralunga 1744. Archeologia di una battaglia e delle sue fortificazioni sulle Alpi fra Piemonte e Delfinato. Italia nord-occidentale* Oxford 2009	BAR International Series 1920 2009
No 5	GIORGIO DONDI, *La fatica del bello. Tecniche decorative dell'acciaio e del ferro su armi e armature in Europa tra Basso Medioevo ed Età Moderna* Oxford 2011	BAR International Series 2282 2011
No 6	ROBERTO SCONFIENZA, *Le pietre del Re. Archeologia, trattatistica e tipologia delle fortificazioni campali moderne fra Piemonte, Savoia e Delfinato* Oxford 2011	BAR International Series 2303 2011
No 7	ROBERTO SCONFIENZA (a cura di), *La campagna gallispana del 1744. Storia e Archeologia Militare di un anno di guerra fra Piemonte e Delfinato* Oxford 2012	BAR International Series 2350 2012
No 8	ROBERTO SCONFIENZA, *Le fortificazioni campali dei colli di Finestre e Fattières. Archeologia e Storia di un sito militare d'Età Moderna sulle Alpi Occidentali* Oxford 2014	BAR International Series 2640 2014
No 9	ARMANDO DONATO, ANTONINO TERAMO, *La fortificazione della piazza di Messina e le Martello Tower. Il piano difensivo anglo siciliano nel 1810* Oxford 2014	BAR International Series 2644 2014
No 10	ROBERTO SCONFIENZA, *La piazzaforte di Casale Monferrato durante la Guerra di Successione Spagnola, 1701 - 1706* Oxford 2015	BAR International Series 2704 2015
No 11	ARMANDO DONATO, *Architettura militare di fine Ottocento. La difesa costiera e l'impiego delle batterie dello Stretto di Messina* Oxford 2016	BAR International Series 2784 2016

INDICE

INDICE .... p. III

INDICE DELLE ILLUSTRAZIONI .... p. V

CAPITOLO 1
Il nuovo assetto difensivo italiano .... p. 1
- Premesse .... p. 1
- Il terzo piano generale delle fortificazioni:
studio e progetti (1880-1885) .... p. 2

CAPITOLO 2
Le batterie dello Stretto di Messina .... p. 7
- Premesse .... p. 7
- L'edificazione delle batterie .... p. 10
- I sistemi d'arma .... p. 14
- La protezione e il fronte di gola .... p. 22
- Impianti telemetrici .... p. 27
- Servizio delle munizioni .... p. 30
- L'esecuzione del tiro .... p. 36

CAPITOLO 3
Periodi storici .... p. 39
- Studi, Istruzioni e Regolamenti
per la difesa costiera .... p. 39
- Primi anni del Novecento, la Guerra Italo-Turca
e la Prima Guerra Mondiale .... p. 41

CAPITOLO 4
Gli anni fra le due guerre mondiali .... p. 49
- Il riesame dell'organizzazione
della difesa costiera .... p. 49

CAPITOLO 5
La Seconda Guerra Mondiale .... p. 59
- Premesse .... p. 59
- La piazza marittima di Messina - Reggio Calabria .. p. 59
- Caratteristiche delle artiglierie costiere (doppio
compito) e degli strumenti di determinazione del tiro .. p. 63
- L'organizzazione della difesa navale .... p. 63
- Lo specchio organico di guerra del febbraio 1939,
esercitazioni e provvedimenti .... p. 74
- Attività nemiche nell'area dello Stretto .... p. 76
    § Attacchi aerei .... p. 76

§ Attacchi navali   p. 79
- Il rafforzamento delle difese della piazza e lo scioglimento dei comandi   p. 80
- Conclusioni   p. 84

Documentazione archivistica e Bibliografia   p. 87

INDICE DELLE ILLUSTRAZIONI

Capitolo 1

Fig. 1 Il piano generale di difesa 1880-1885; da RUGARI 2010

Capitolo 2

Fig. 1 Messina, esempi di installazioni dotate di circolari in pietra per artiglierie costiere; foto Donato
Fig. 2 Corazzata francese di prima classe *Admiral Baudin*; da SANTI MAZZINI 2007
Fig. 3 Mappa delle batterie dello Stretto di Messina; carta-elaborazione Donato
Fig. 4 Esempi di batterie dello Stretto di Messina; foto-elaborazione Donato
Fig. 5 Obice da 28 C; foto-collezione Riccobono
Fig. 6 Obice da 28 C con servente; da *Artiglieria* 1895
Fig. 7 Messina, batteria Masotto; foto Donato
Fig. 8 Messina, batteria S. Jachiddu; foto Donato
Fig. 9 Reggio Calabria, batteria Pellizzari; foto Donato
Fig. 10 Messina, batteria Crispi; foto Donato
Fig. 11 Messina, batteria Ogliastri; foto Donato
Fig. 12 Messina, castello del SS. Salvatore coppia di piazzole d'artiglieria; foto Donato
Fig. 13 Cannone da cm 24; da *Artiglieria* 1895
Fig. 14 Disegno del cannone da cm 24; da REULEAUX 1891
Fig. 15 Messina, batteria Monte dei Centri; foto Donato
Fig. 16 Sezione di cannoni da cm 15; da *Artiglieria* 1895
Fig. 17 Disegni del cannone da cm 15; da REULEAUX 1891
Fig. 18 Messina, batterie Cavalli, Monte dei Centri, Schiaffino; foto Donato
Fig. 19 Messina, batteria Masotto; Reggio Calabria, Matiniti Superiore, batteria Siacci; foto Donato
Fig. 20 Reggio Calabria, batteria Pentimele Sud; Messina, batterie Serra la Croce, Campone, Masotto; Reggio Calabria, Matiniti Superiore, batteria Siacci; foto Donato
Fig. 21 Messina, batteria Serra la Croce; Reggio Calabria, batteria Poggio Pignatelli; Messina, batteria Masotto; foto Donato-Epasto
Fig. 22 Messina, parafulmini delle batterie Serra la Croce e Cavalli; foto Donato
Fig. 23 Disegno di telemetro a base verticale, 1906; da RIGHI 1896
Fig. 24 Messina, batteria Serra la Croce, casotti telemetrici corazzati; foto Donato
Fig. 25 Messina, batteria Masotto, polveriera; foto Donato
Fig. 26 Reggio Calabria, Matiniti, batteria Siacci,

Fig. 27 polveriera; Messina, batteria Puntal Ferraro, polveriera; foto Donato
Fig. 27 Messina, deposito munizioni; foto Donato
Fig. 28 Reggio Calabria, batteria Poggio Pignatelli, riservette; Messina, batterie Siacci, Crispi, Masotto, riservette; foto Donato
Fig. 29 Messina, batteria Serra la Croce, elevatore *Megy*; foto associazione Trapper Sociale
Fig. 30 Messina, batteria Serra la Croce, meccanismo dell'elevatore *Megy*; foto Associazione Vento dello Stretto
Fig. 31 Messina, batteria Serra la Croce, locale sottostante il casotto telemetrico; foto da Associazione Vento dello Stretto
Fig. 32 Messina, batteria Puntal Ferraro e pompa interna; foto Luchini

Capitolo 3

Fig. 1 Batterie attive nello Stretto di Messina, 1911-1913; carta-elaborazione Donato
Fig. 2 Fregi e medaglie dell'artiglieria italiana da costa; (collezione Grasso)
Fig. 3 Documento della dichiarazione di guerra dell'Italia all'Austria-Ungheria; mostra *La prima guerra mondiale 1914-1918. Materiali e fonti-Teatri di guerra*, Roma 2014
Fig. 4 Ufficiale di artiglieria e mortaio da 280 mm; foto Museo Centrale del Risorgimento
Fig. 5 Attività sottomarine austriache nel Mediterraneo, 1915-1918; foto Museo Centrale del Risorgimento
Fig. 6 Documento con rapporto di un attacco aereo italiano sul fronte di Caporetto; foto Archivio Ufficio Storico Aeronautica Militare

Capitolo 4

Fig. 1 Messina, batteria Serra la Croce, 1920-1940; foto collezione Riccobono
Fig. 2 Strumenti, mezzi e armi italiani da difesa costiera, 1920-1940; da SALZA1927

Capitolo 5

Fig. 1 Messina, batterie costiere De Cristofaro e Mezzacapo; foto Donato e foto collezione privata
Fig. 2 Messina, nuova batteria per cannone antiaereo di Masotto, batteria MS 545, batteria MS 280, batteria MS 620; foto Donato
Fig. 3 Messina, fontana di batteria della Milizia da Costa; foto Donato
Fig. 4 Medaglia per la Milizia Artiglieria Marittima e bottone della Milmart, 1940; foto collezione Grasso

Fig. 5 Difesa costiera dello Stretto di Messina, 1939-1940; carta-elaborazione Donato

Fig. 6 Messina, batteria Crispi, 1920-1940; foto collezione Riccobono

Fig. 7 Messina, batteria Crispi, versante meridionale; foto collezione Riccobono

Fig. 8 Messina, batteria Crispi, particolari, 1920-1940; foto Donato

Fig. 9 Messina, batteria Masotto, particolari, 1920-1940; foto Rossello

Fig. 10 Messina, batteria Masotto, particolari, 1920-1940; foto Donato

Fig. 11 Messina, batteria Masotto, particolari, 1920-1940; foto Donato; foto Epasto e Donato

Fig. 12 Messina, batteria Masotto, particolari, 1920-1940; foto Riccobono e Epasto

Fig. 13 Messina, del Comando di Gruppo Sud Siculo; foto collezione Riccobono

Fig. 14 Messina, batteria Schiaffino; foto collezione Riccobono e Donato

Fig. 15 Messina, batteria Schiaffino, ufficiali della 6ª Milmart, 1941-1942; foto collezione Riccobono e Rizzo

Fig. 16 Messina, batteria Schiaffino, ufficiali della 6ª Milmart, 1941-1942; foto collezione Riccobono e Donato

Fig. 17 Messina, batteria Schiaffino, ufficiali della 6ª Milmart e vecchio obice da 280/9, 1941-1942; foto collezione Riccobono

Fig. 18 Reggio Calabria, Matiniti Superiore, Batteria Siacci, particolari, 1920-1940; foto Donato

Fig. 19 Reggio Calabria, Matiniti Superiore, Batteria Siacci, particolari, 1920-1940; foto collezione Riccobono e Fondo Ambientale Italiano

Fig. 20 Reggio Calabria, Piale, batteria Beleno; foto Rugari

Fig. 21 Reggio Calabria, batteria Gullì; foto Donato

Fig. 22 Reggio Calabria, batteria Pellizzari; foto Rete Comuni Italiani

Fig. 23 Reggio Calabria, nuova batteria da 152/50 Conteduca, Messina, Alì, nuova batteria Margottini, nuova batteria La Cagnina; foto Novello e Donato

Fig. 24 Messina, Alì, nuova batteria Margottini e particolari; foto collezione Riccobono

Fig. 25 Messina, luglio 1943, veduta di un attacco aereo americano diurno sulle installazioni portuali e ferroviarie; foto NARA

Fig. 26 Difesa costiera dello Stretto di Messina, luglio-agosto 1943; carta-elaborazione Donato

Fig. 27 Messina, 30 agosto 1943, i generali Eisenhower e

Montgomery; foto NARA

Fig. 28 Messina, il generale di brigata Monacci e il console Tomasello, comandante della 6ª legione Mil-mart, 1943; foto Monacci e collezione Riccobono

CAPITOLO 1

Il nuovo assetto difensivo italiano

Premesse

Al principio del 1866 il territorio del Regno era suddiviso in sei dipartimenti militari, 23 divisioni territoriali militari, 193 circondari militari, 11 fortezze, forti e distretti aventi comandi militari a parte. L'artiglieria da piazza era composta da 3 reggimenti, con 16 compagnie di 105 uomini ciascuna. Intanto a disposizione per la difesa o l'attacco delle fortezze, oltre ai cannoni lisci e ai mortai, vi erano i cannoni da 40 FRC (ferro rigati cerchiati) e FR (ferro rigati); i cannoni da 16 BR (bronzo rigati) da muro e i cannoni da 16 FR. Nel gennaio del 1866 l'artiglieria da costa e da muro sommava a un totale di 2867 pezzi.

In prossimità dello svolgimento della terza guerra d'indipendenza, il Governo aveva provveduto all'armamento di sicurezza delle fortezze settentrionali e dei tratti costieri meridionali più importanti. Tra questi la fortezza di Messina, nella quale nel giugno del 1865 erano stati edificati magazzini di deposito per l'armata navale e le batterie dello Stretto, mentre oltre alle artiglierie napoletane a disposizione in loco, erano stati aggiunti pezzi da 40 FRC. Messina era nel frattempo uno dei punti d'imbarco per le truppe provenienti dalla Sicilia e destinate al fronte di guerra[1]. Lo stesso anno fu approvato il primo Piano Generale di Difesa dello Stato, che prevedeva, ai fini della difesa costiera, la dismissione o altra destinazione delle opere giudicate obsolete, nonché l'utilizzo delle vecchie batterie da costa già esistenti, da sottoporre a opportuni adeguamenti o rifacimenti.

Verso la fine dell'Ottocento era viva la necessità di fortificare adeguatamente le frontiere marittime italiane, per un totale di 3000 km di costa. Il maggior generale Brignone affermava che il sistema in uso consistesse nello: 1) stabilire piazzeforti in tutti i porti e rade atte a ricoverare la flotta e gli stabilimenti marittimi militari, allo scopo di coprirli da un attacco sia da terra, sia dal mare; 2) nell'erigere batterie da costa su tutti i capi sporgenti in mare e dominanti le coste, per tenere lontani i legni nemici e proteggere il cabotaggio; 3) disporre posti di guardie e vedette per rilegare fra loro i mezzi di difesa e dare avviso dei movimenti del nemico; 4) stabilire sbarramenti ed ostacoli sottomarini per impedire l'accostamento al lido di bastimenti nemici. Tutto ciò per consentire al difensore di essere in grado di contrastare anche un minimo sbarco in qualunque punto della costa. Tale metodo era però classificato superato, poiché non teneva conto dei progressi nel frattempo fatti dalla navigazione, dai mezzi e dalle armi. Inoltre presentava varie criticità tra cui il grande sparpagliamento di forze che comportava, e le spese enormi di costruzione e di manutenzione delle fortificazioni.

In forza di ciò si suggeriva che sulle coste si fortificassero tutte le rade ed i porti in cui una squadra nemica poteva trovare ricovero con sicurezza, in modo da contrastarne le azioni di fuoco. Inoltre si dovevano fortificare da terra i porti comprendenti gli arsenali marittimi e gli altri, la cui postazione e sistemazione in piazze da guerra continentali, potevano favorire la difesa da terra contro pericoli reali d'invasione, capaci di minacciare lo Stato dal mare.

---

[1] CORPO DI STATO MAGGIORE 1875, pp. 44, 48, 75, 88, 89, 90, 91, 112.

Si consigliava in conclusione di fortificare o migliorare 21 porti, rade o stretti sparpagliati talvolta a grandi distanze e per questo collegati a mezzo di stazioni telegrafiche e con un servizio semaforico completo. In questo modo la costa poteva essere ovunque vigilata, e tutte le segnalazioni di eventuali flotte nemiche avvicinatesi, fatte in tempo debito per accorrere dove fosse necessario, con truppe mobili alla difesa attiva delle coste aperte e dei porti più minacciati[2].

La difesa costiera italiana si attuava sostanzialmente per mezzo della *difesa marittima* tramite la flotta; concezione che derivava dalla preminente politica del suo impiego strategico difensivo[3]; e della *difesa litorale*, imperniata su un sistema di piazzeforti e batterie integrate da una rete di semafori per segnalare i movimenti delle navi avversarie. La flotta doveva poter essere utilizzata in qualsiasi circostanza nel miglior modo possibile, e quindi necessitava di un organizzato sistema di difesa sulle coste, che rendesse la sua azione più efficace a largo e all'evenienza la proteggesse insieme agli arsenali, i depositi e le opere varie[4]. Si contemplava in sostanza l'utilità delle fortificazioni costiere, in sinergia con una fondamentale forza principale navale[5].

L'evoluzione delle navi rese necessaria la revisione dei sistemi di difesa, ed essendo tra l'altro impossibile fortificare tutte le coste italiane, ci si concentrò sulla *difesa attiva* a cura della flotta, avente il compito di intercettare e impegnare il nemico lontano dalle coste; *le piazzeforti* con opere blindate fortemente armate e poste nei punti vitali per la difesa; e la *difesa territoriale interna*, utile ad opporre resistenza a sbarchi e invasioni.

Il terzo piano generale delle fortificazioni: studio e progetti (1880-1885)

Per la protezione dei confini marittimi e terrestri, il Governo produsse a partire dal 1866 ben tre articolati piani generali di difesa. Nell'ottobre del 1880 il *Comitato di Stato Maggiore Generale* fu convocato dal Ministro della Guerra, generale Milon, per elaborare un piano delle fortificazioni nel quale avrebbero dovuto essere indicate località e opere su cui impostare la difesa permanente dello Stato. Il compito assegnato non si presentava così arduo come quello che sino al 1871 aveva svolto, con analogo incarico, la *Commissione Permanente per la Difesa dello Stato*.

Il Comitato infatti poteva tener conto sia delle conclusioni della Commissione Permanente, sia delle considerazioni e proposte contenute nelle relazioni delle commissioni parlamentari che avevano esaminato i numerosi progetti di legge preparati dal Ministero. Inoltre poteva contare sulle fortificazioni costruite nel frattempo.

La presidenza della Commissione fu affidata per cinque sessioni al tenente generale Luigi Mezzacapo e al tenente generale Giuseppe Salvatore Pianell, che insieme ai tenenti generali Carlo Mezzacapo, Enrico Cosenz e Giacomo Longo, garantivano l'apporto della tradizione militare delle regioni meridionali e sembravano confermare con la loro stessa presenza, l'avvenuta saldatura della difesa d'Italia peninsulare e insulare con quella continentale in un unico sistema.

A tutti era data l'occasione di determinare la dimensione ed il ruolo delle fortificazioni, di cui l'Italia doveva essere dotata a garanzia della propria indipendenza.

---

[2] «Rivista Militare», 1871, pp. 545, 548, 549.
[3] GABRIELE-FRIZ, 1982, da p. 25 a p. 3.
[4] D. X. 1872, pp.18,19.
[5] GAVOTTI 1872, p. 13.

I lavori procedettero al ritmo di due sessioni annuali nel 1880, 1881 e 1882, e furono ultimati nel maggio del 1883. Si esaminarono cinque possibili teatri di guerra, in rapporto a due ipotesi di conflitto, contro L'Austria – Ungheria e contro la Francia. Si cominciò nell'ottobre 1880 con l'esame di un tratto di frontiera sino ad allora trascurato, ovvero la zona montana del teatro di guerra *nord-est* compreso tra la valle dell'Oglio e quella del Tagliamento.

Questa scelta si spiega con l'intenzione del Ministero di munire al più presto il confine di difese stabili, probabilmente per il timore di un attacco austriaco. Si propose la fortificazione della zona del Po, della linea di difesa dall'Adige oltre a quelle dirette a garantire la città di Venezia. Nell'esaminare il teatro di guerra *nord-ovest*, nel luglio del 1881 la Commissione tenne conto delle sue diverse caratteristiche rispetto a quello nord-orientale: in primo luogo della maggiore estensione, non solo lungo l'arco alpino ma anche lungo la costa tirrenica, poiché una guerra contro la Francia avrebbe comportato anche il fatto di dover far fronte ad una pericolosa minaccia di sbarco. Le Alpi assumevano di conseguenza maggiore importanza che in passato, rispetto agli altri due ostacoli naturali lungo e dietro i quali era e sarebbe stata organizzata la difesa, cioè il Po e l'Appennino. Contestualmente era ugualmente urgente provvedere alla difesa delle coste e della capitale.

Di conseguenza la Commissione si espresse a favore della completa fortificazione di Genova e La Spezia. Circa Messina riconobbe la necessità di studiarne la sistemazione per farne luogo di riferimento e di rifugio sia per la flotta sia per le truppe assegnate alla difesa della Sicilia, nonché testa di ponte per assicurare le comunicazioni dell'isola con il continente. Roma avrebbe dovuto trasformarsi in un campo trincerato capace di opporre una lunga resistenza, tanto più in quanto godeva dell'appoggio lontano delle opere costruite all'isola d'Elba, all'Argen-tario, a Civitavecchia, a Gaeta e ad Ancona.

Il tenente generale Ricotti si oppose a quest'ultimo progetto mostrandosi ancor più contrario alla prospettiva dell'ampliamento delle fortificazioni alpine, le quali «una volta costruite - affermò - esercitano un'azione grandissima, non solo per decenni, ma alle volte per interi secoli […] le idee della commissione non si possono imporre a chi fra 20 o 30 anni avrà la responsabilità della difesa del paese». Tuttavia la maggioranza dei membri della Commissione approvava la politica di ampliamento delle fortificazioni, in particolare Mezzacapo e Pianell.

Il Ministero si ispirò alle proposte elaborate sino a quel momento, per redigere un progetto presentato in Parlamento appena una settimana dopo la conclusione dei lavori. Furono chiesti 10 milioni per La Spezia, 15 per le rade di Genova e Messina, 11 per Roma, 17 per le fortificazioni di Verona, in totale 55 oltre ai 32,5 necessari per le artiglierie. Nel giugno del 1882 il provvedimento ottenne l'approvazione definitiva.

Entro il febbraio dello stesso anno la Commissione riprese i lavori e concluse l'esame della difesa periferica, prendendo in considerazione la costa ionica ed adriatica. La stessa non ebbe difficoltà a proporre la costruzione di una piazza marittima e terrestre, a protezione dell'arsenale di Taranto e poi un esteso sistema di fortificazioni terrestri e marittime a Venezia, per assicurare le comunicazioni con il basso Adige, proteggere l'arsenale e offrire rifugio alla flotta.
Egualmente fortificata sia verso mare che verso terra, avrebbe dovuto essere Ancona, per offrire un punto di appoggio alla flotta, ma soprattutto per impedire grossi sbarchi di truppe che intendessero muovere verso Roma.

Passando allo studio della terza grande linea di difesa del Paese, ovvero l'Appennino, la Commissione prese nuovamente in considerazione le coste tirreniche da La Spezia a Piombino. Se le fortificazioni dell'isola d'Elba, dell'Argentario, di Civitavecchia e di Gaeta avrebbero dovuto proteggere Roma e quelle liguri ostacolare il collegamento delle forze eventualmente sbarcate con quelle operanti in Piemonte, ora l'obiettivo era impedire l'apertura di un secondo fronte. Si dovevano quindi fortificare la spiaggia di Viareggio e il porto e la spiaggia di Livorno, i soli due punti in cui poteva avvenire uno sbarco di maggiori dimensioni.

In seguito ad una richiesta del Ministero di trarre dalle proposte un piano ridotto di più rapida ed economica attuazione, Ricotti ne approfittò nuovamente per chiedere la diminuzione del numero delle fortificazioni sino ad allora proposte, in quanto gli sembrava costituissero

> un insieme eccessivo e superiore di molto a ciò che la Francia e l'Austria hanno preparato contro di noi ed a quello che la Germania ha preparato contro la Francia. L'eccedere nelle fortificazioni è dannoso – affermò – non tanto sotto il rispetto finanziario, giacché, se mancheranno i fondi, le proposte fatte non si attueranno che in parte, ma bensì sotto il rispetto militare in quanto i presidi assorbivano troppe forze, diminuendo quelle disponibili per le operazioni

Secondo Ricotti solo le fortificazioni di pianura avevano reale efficacia, dal momento che per quelle di montagna la capacità di resistenza passiva andava diminuendo di fronte al continuo progredire della potenza delle artiglierie e non conveniva, dunque, dare loro una grande estensione. Ma la tesi di una riduzione del numero delle fortificazioni, non incontrò il favore degli altri membri della Commissione e trovò anzi un critico in Pianell.

Si cercò una soluzione di compromesso proponendo di procedere non ad esclusione di posizioni ritenute superflue, ma come si era fatto per il teatro di guerra nord-est, a stabilire un ordine di priorità nell'esecuzione dei lavori. Nel maggio del 1882 si completò il lavoro esaminando il teatro di guerra meridionale e insulare. Fu data molta importanza alla linea del Volturno; dopo la costruzione di opere a Brindisi, a protezione indiretta dell'arsenale di Taranto e diretta per l'ancoraggio della flotta. Solo lo Stretto di Messina avrebbe potuto contare su un'estesa fortificazione delle coste, sia sul versante siciliano sia su quello calabrese, del porto e della città siciliana anche dalla parte di terra, per stabilire un collegamento con l'interno dell'Isola.

Le fortificazioni di Capua e Messina avrebbero dovuto essere realizzate in un primo periodo, quelle di Brindisi in un secondo. In conclusione il sistema difensivo era composto dalla difesa di quattro aree:
1. le frontiere terrestri e marittime (compresi gli arsenali della marina) lungo tutta la cerchia alpina ed in alcune località costiere;
2. l'area geografica interna compresa tra lo sbocco delle valli alpine, l'Appennino ed il Piave;
3. la Capitale;
4. i collegamenti con le regioni meridionali.

Gli alti costi per il piano completo, stimati in 613 milioni di lire, cui bisognava aggiungere i 260 milioni per le artiglierie, convinsero il Governo a chiederne una riduzione per una più rapida ed economica attuazione. Così, su pressione del generale Ricotti, ostinato avversario della difesa di tipo permanente, fu decisa una notevole diminuzione delle fortificazioni in tutt'Italia. La stima dei costi risultò pressoché dimezzata, in quanto si provvide soltanto alle opere per la difesa periferica di Roma, Capua, Messina e Taranto. Tutta la difesa interna veniva esclusa ad eccezione di Verona, mentre era inclusa a conclusione degli studi, l'isola della Maddalena alla quale venivano destinate, così come a Venezia ed Ancona, semplici batterie.

Tutti i lavori sarebbero stati completati entro il 1890-91. Il provvedimento divenne legge il 2 luglio 1885 n. 3223, assicurando a Ricotti una somma pari a quella di cui il Ministero aveva potuto disporre tra il 1871 e il 1881 (117 milioni contro i 121,6), e la cui distribuzione favoriva ancora una volta la difesa costiera, alla quale andò il 60% dello stanziamento.

Nei confronti dell'alleanza con gli imperi centrali, le fortificazioni consentirono di predisporre in condizioni di relativa sicurezza la mobilitazione, la radunata e lo schieramento. In rapporto allo scontro di qualche anno dopo con gli stessi imperi centrali, il vantaggio consistette, paradossalmente, proprio nell'aver tralasciato una completa sistemazione della frontiera verso l'Austria, consentendo così che fosse dotata dopo il 1900, di opere ispirate a criteri più moderni di quelli che caratterizzavano le fortificazioni che avrebbero potuto esservi costruite alla fine degli anni Ottanta.

Nel luglio del 1899 infatti, il ministro generale Mirri, dopo sei anni di attesa per un piano poliennale, convocò una Commissione Suprema di Difesa dello Stato di nuova nomina, insediata nell'ottobre-novembre di quello stesso anno, riunendosi ancora nel 1900, per occuparsi in particolare del fronte orientale.

I lunghi tempi decisionali delle Commissioni di Difesa causarono l'edificazione di fortificazioni che al termine della loro costruzione, risultavano essere ormai obsolete rispetto alle nuove tecnologie militari sviluppatesi, considerando anche i mutati equilibri politici[6].

---

[6] RUGARI 2010, p. 16 e ss.

Fig. 1 Il piano generale di difesa 1880-1885. Il numero 45 indica lo Stretto di Messina (da RUGARI 2010)

CAPITOLO 2

Le batterie dello Stretto di Messina

Premesse

L'aggiornamento della difesa costiera dello Stretto di Messina, approntato verso la fine dell'Ottocento allo scopo di sostituire le vecchie fortificazioni con un adeguato sistema permanente, era inserito in un più ampio contesto difensivo nazionale, concepito nella ricerca della giusta relazione tra la guerra marittima e quella terrestre, basata sul principio secondo cui «le Alpi si difendevano dal mare e le coste si difendevano dalle vette Alpine».

Le batterie costiere costituivano o più semplicemente confermavano lo status di piazzaforte. A tal proposito il maresciallo von der Goltz in quegli anni affermava

> La piazza forte è più autonoma di un campo trincerato. Essa è costruita più solidamente, non può essere presa con mezzi della guerra campale, possiede tutto quanto occorre per rifornire e mantenere la sua guarnigione, ed ha la sua importanza anche senza la presenza di un esercito. Ne segue che le fortificazioni trovano il loro vero posto unicamente là dove noi vogliamo conservare il possesso di un territorio staccato dal teatro di guerra, senza impiegare a tal fine un esercito. Se vi sono provincie lontane, non bene collegate con il resto del regno, o tali, che l'adunarvi un 'armata condurrebbe ad uno svantaggioso funzionamento della massa, allora si può fortificare colà una città importante, che sarà difesa da una debole guarnigione, ma che tuttavia sarà in grado di resistere a lungo a un assedio regolare. Se si volessero munire tutti i luoghi che interessano la difesa del paese con un campo trincerato moderno, il numero di questi campi dovrebbe diventare grandissimo. E pure anche in questo campo si farebbe la dura esperienza, che, se le operazioni della guerra campale prendono una piega inaspettata, essi mancheranno per l'appunto là, dove se ne avrebbe bisogno. Quando una piazza deve servire ad un esercito rilevante deve essere ampia. Con l'ampiezza diminuisce la sua forza passiva e diventa necessario un accrescimento della guarnigione. E però cresce doppiamente il sacrificio di danaro e di truppe da sopportare per fortificare il paese.
> Bisognerebbe trovare il mezzo di fare la piazza mobile e organizzata così, che le bastasse una guarnigione minima, per semplice sicurezza contro un attacco di viva forza. Un avviamento a ciò noi troviamo nell'impiego del ferro e dell'acciaio come mezzi protettori, ai quali è immediatamente collegato il cannone, così che questo è la sua opera fortificatoria vengano a formare un pezzo solo che si può montare e smontare sul posto. Per tale modo si riuscirà ad assicurarsi di luoghi importanti con poche macchine servite da un manipolo di uomini, ed a ridurre le future posizioni fortificate o i campi trincerati a uno scheletro. Le une e gli altri andrebbero impiegati solo nel momento in cui è probabile che saranno per giovare all'andamento delle operazioni. Così si può evitare che uno Stato mantenga stabilmente dieci o dodici grandi piazze con intere armate quali guarnigione, per non finire a utilizzarne che una o due, senza che ce ne sia, forse nessuna in quel punto in cui più se ne avrebbe bisogno[1]

Il maggiore Rocchi nel 1896, indicava quali metodi dell'offesa navale:
1. l'invasione di una linea sottile di litorale per interrompere le linee ferroviarie lunga la costa e turbare la navigazione e il commercio marittimo, operare sbarchi e utilizzare la linea come base di operazioni;
2. l'attacco a una piazza marittima per occupare il porto, catturare le navi, distruggere magazzini e stabilimenti;
3. il forzamento dell'entrata di un fiume o di uno stretto per portare l'offensiva all'interno.

---
[1] VON DER GOLTZ 1896, pp. 219-231.

Fig. 1 Messina. Alcuni esempi di installazioni dotate di circolari in pietra per artiglierie costiere su sott'affusti a lisce, risalenti alla prima metà dell'Ottocento; spesso erette in opere più antiche. In alto a sinistra, castello del SS. Salvatore (1540 c.a), piazzola per pezzo in cannoniera minima. A destra. Cittadella (1679 c.a), bastione S. Stefano, resti di piazzola per pezzo in barbetta. In basso. Fortino borbonico della torre del faro, batteria in barbetta (foto Donato)

La tattiche più indicate per l'espugnazione di una piazza marittima, erano l'attacco improvviso e di sorpresa, il bombardamento, il blocco, l'assedio regolare. Il primo aveva lo scopo, ad ostilità iniziate, di forzare un porto o lo specchio d'acqua per disturbare i lavori di apprestamento della difesa, rovinare l'arsenale, tirare sull'abitato, arrecando danni materiali e morali. Caratteristiche essenziali erano la rapidità e la segretezza.

Il bombardamento da mare doveva consentire la distruzione degli stabilimenti, navi magazzini ecc, da distanze superiori agli 8-10 chilometri. Il blocco e l'assedio si rifacevano invece ad azioni veloci e di sorpresa, aventi l'obiettivo di forzare un fiume o uno stretto, avvicinandosi alla costa per battere gli obiettivi e/o tentare di atterrare truppe e artiglierie in luoghi convenienti per l'assedio.

La difesa costiera invece operava attraverso:
1. cannoni di grosso calibro da 28 cm lunghi 35 calibri, obici da 28, 24 e 21 cm; cannoni di medio calibro da 15 cm, insieme a cannoni di piccolo calibro a tiro rapido e mitragliere;
2. difese subacquee, ovvero torpedini, ginnotti, ostruzioni galleggianti e sottomarine;
3. mezzi d'azione complementari, cioè i servizi di difesa mobile (torpedini e guardacoste), di difesa delle opere, d'informazione e di esplorazione galleggianti (battelli esploratori, canotti

vedette) e su terra ferma (semafori, linee telefoniche e telegrafiche, segnalazioni ottiche, proiettori elettrici, palloni frenati)[2].

Tuttavia a conti fatti, tali azioni erano sostanzialmente difficilmente attuabili. Riguardo il bombardamento, le navi dell'epoca erano dotate di grandi e poche artiglierie di notevole potenza e gittata, con angoli di tiro limitati. Inoltre da lunga distanza (oltre 9000 m circa), teoricamente superiore alle gittate massime utili delle difese, i problemi per la punteria e la verifica dei danni causati sugli obiettivi, erano notevoli. Ciò poteva rendere nulli gli effetti dell'attacco, e costringere le navi ad avvicinarsi alla costa entrando pericolosamente nello specchio d'acqua battuto da tutte le artiglierie costiere.

Nel caso di un bombardamento di viva forza con navi corazzate (ormai di dimensioni notevoli) da distanza ravvicinata anche contro le batterie alte (per mezzo del tiro a ordinata massima), il rischio di essere messe fuori uso con pochi colpi era elevato. Inoltre per consentire un qualsiasi tipo di avvicinamento alla costa, al un porto o al corpo di piazza nemico, era prima necessario intercettare ed eliminare le ostruzioni e gli apprestamenti difensivi. Azioni rischiose che potevano anche compromettere l'effetto sorpresa, fondamentale per la riuscita di certi attacchi.

Ad esempio, secondo i dati dell' Istruzione sul tiro della R. Marina del 1894, tirando con cannoni da 254 mm e 152 mm contro una batteria ubicata a 200 m di quota, la nave già di per sé bersaglio di notevoli dimensioni, poteva mantenersi a distanze di 3000 m, che si riducevano a 1300 nel caso in cui la batteria si trovasse a meno di 100 m di quota. L'azione navale poteva avere una qualche efficacia solo contro batterie ubicate a quote inferiori al 250 metri e da distanze di 2500, 3000 m, tenendo conto delle variabili relative all'armamento delle navi, delle batterie costiere e alla tipologia di costa. Fuori da tali limiti e considerando che le batterie basse erano comunque protette da quelle alte, l'azione di guerra era sostanzialmente impossibile.

In sostanza le navi (Fig. 2), allo scopo di mettere a segno solo qualche inutile colpo sul pendio del parapetto della batteria che più era alta e meno vulnerabile e meglio poteva eseguire tiri ficcanti; rischiavano di essere distrutte dalle grosse granate degli obici e delle altre artiglierie delle batterie chiamate in causa[3]. Nel caso di Messina, date le quote delle batterie, in massima parte superiori ai 200 metri, le navi nemiche per eseguire un bombardamento ravvicinato, sarebbero dovute giungere ad una distanza compresa tra i 3000 e i 4000 m, in pieno raggio di azione delle artiglierie. Se si considera che ad esempio una granata da 280 mm riusciva a perforare a 1000 m di distanza una piastra di ferro orizzontale di 55 mm, di 75 mm a 2000 m, di 116 mm a 3000 metri, di 149 mm a 4000, di 164 mm a 5000 m, di 194 mm a 6000 m; le batterie di obici erano in grado di danneggiare seriamente o affondare una nave avvicinatasi a queste distanze, e che rappresentando un bersaglio alto e lungo, sia che fosse in posizione parallela alla linea di tiro delle batterie, e ancora di più se in posizione perpendicolare, poteva diventare oggetto della maggior parte dei colpi nemici andati a segno[4].

A ciò si aggiungono le varie di analisi di specialisti come Bognis Desborder, Grivel e del capitano Moch in particolare, il quale concluse che all'epoca il bombardamento dal mare fosse «un mezzo d'intimidazione che minaccerà un gran numero di città, ma che raramente potrà essere tradotto in atto ed ancora di più produrre effetti disastrosi», e che «tutte le città potranno ricevere proietti ma i danno sofferti saranno insignificanti».

---

[2] ROCCHI 1896, pp. 22, 24, 41, 104, 123, 126.
[3] MIRANDOLI 1895, pp. 101, 102.
[4] *Miscellanea* 1895, p. 118.

Inoltre lo *Studio sulla guerra d'assedio* nel 1895, a cura del Comando del Corpo di SM, giudicava indiscutibile che alla distanza da 8 a 10 km, il bombardamento da mare non potesse avere alcuna efficacia. Tuttavia considerando che i telemetri erano limitati e non infallibili, e che il tiro antinave già di per se lento, doveva essere effettuato nel minor tempo possibile, ma poteva essere difficoltoso in caso di nebbia e oscurità; secondo il principio della «evolubilità», la navi potevano cambiare rotta e mantenersi per breve tempo nel settore battuto dalle artiglierie costiere, senza controbatterle e concentrandosi su altri obiettivi quali città, arsenali ecc. Ciò poteva avvenire nel lasso di tempo compreso tra l'avvistamento dei telemetri sino all'arrivo dei proietti sull'obiettivo, che nel frattempo poteva essersi spostato, facendo così andare i colpi a vuoto[5].

Anche per gli sbarchi, che rappresentavano forse l'unica possibilità di mettere in crisi il sistema difensivo di una piazza, era necessario al di la dei numeri, avere innanzitutto le dotazioni necessarie, e verificare diverse variabili, quali l'entità, gli obiettivi e la convenienza, considerando le difficoltà oggettive e i vincoli prodotti dagli sbarchi; cioè azioni rapide da effettuarsi con la padronanza del mare e in condizioni meteo marine favorevoli, allo scopo già difficoltoso di fare atterrare notevoli quantità di truppe e mezzi in un uno specifico punto del territorio ostile[6].

Fig. 2 La corazzata francese di prima classe *Admiral Baudin*. Lunga 100 m, larga 21, con dislocazione di 11400 t e velocità massima di 15 nodi. Lo spessore di corazza variava tra i 100 mm e i 550 mentre l'armamento consisteva in 3 cannoni da 370 mm, 12 da 140 mm e 14 mitragliere (da SANTI MAZZINI 2007)

L'edificazione delle batterie

Nel dicembre 1882 furono autorizzati i lavori di fortificazione per il nuovo assetto difensivo permanente dello Stretto di Messina; completati nel 1890. Furono dunque erette dal Genio Militare 21[7] (Fig. 3) nuove batterie costiere disposte sui due fronti a mare, siculo (13 batterie) e calabro (8 batterie), a quote variabili tra i 70-100 e i 1130 metri s.l.m. Calcolando la media delle quote si ottengono 338 metri, quindi elevazioni importanti e piuttosto sicure per la protezione contro il tiro navale avversario.

---

[5] CALICHIOPULO 1899, pp.424, 425.
[6] PORTA 1891, pp. 25-34.
[7] Vari decenni dopo, a sud del versante calabro dello Stretto, fu aggiunta una batteria di nuova concezione, bassa, ad alto parapetto per obici da 305 a tiro indiretto, disarmata nel 1915.

La dislocazione delle opere è in massima parte concentrata sul mar Jonio con relativo Stretto, largo da 3 a 16 km e lungo circa 30. Le batterie sono dislocate mediante due contrapposti fronti a mare aventi orientamento est e sud est per le opere sicule, ed ovest e nord ovest per quelle calabre. Per la costa sicula si aggiunge inoltre una minima aliquota di batterie con direttrice sul mar Tirreno, orientate a nord, ovest e sud ovest, in modo da poter controllare il territorio quasi a giro d'orizzonte.

COSTA SICULA	METRI S. L. M.		COSTA CALABRA
1.Batteria Antennammare	1130	290	14. Batteria Pentimele Sud
2.Batteria Monte Campone	515	290	15.Batteria Pentimele Nord
3. Batteria Puntal Ferraro	550	70	16.Batteria Catona
4. Batteria Monte dei Centri	310	120	17.Batteria Arghillà
5. Batteria Serra La Croce	280	110	18.Batteria Torre Telegrafo
6. Batteria Polveriera	410	320	19.Batteria Matiniti Inf.
7. Batteria Menaia	360	400	20.Batteria Matiniti Sup.
8. Batteria S. Jachiddu	305	320	21.Batteria Poggio Pignatelli
9. Batteria Ogliastri	90		
10. Batteria Pietrazza	235		
11. Batteria Monte Giulitta	160		
12. Batteria Mangialupi	80		
13. Batteria Monte Gallo	305		

*Tra gli anni Venti e Trenta del Novecento, alcune batterie furono ribattezzate con nomi di politici, militari caduti in guerra o studiosi di artiglieria e balistica. Per cui sulla sponda sicula: la batteria Polveriera divenne Masotto e quindi Menaia- Crispi; Monte Giulitta- Schiaffino; Monte Gallo- Cavalli. Sulla sponda calabra: Pentimele Sud divenne Pellizzari e quindi: Arghillà – Gullì; Matiniti Superiore- Siacci; Torre Telegrafo – Beleno

Si tratta di un dispositivo composto da opere a pianta poligonale, terrapienate non corazzate di variabili dimensioni, dislocate in quota a mezza costa (Fig. 4). Manufatti defilati, con ridotta estensione verticale a favore di una maggiore aderenza orizzontale al dato topografico, in modo da offrire il minor spunto possibile all'eventuale tiro navale avversario. Le scelte circa le dimensioni e l'ubicazione sono la conseguenza degli studi balistici, effettuati per evitare i danni eventualmente arrecati dalle artiglierie navali dell'epoca.

Evidenti dunque i vantaggi offerti dalla morfologia del territorio scelto per l'edificazione delle batterie, che permetteva di effettuare il tiro a distanza di sicurezza e in posizione elevata, con settore orizzontale di tiro avente generalmente apertura di 120 gradi. Nello specifico sono batterie alte a puntamento diretto, ovvero ubicate in massima parte oltre i 100 metri di quota e dotate di artiglierie in barbetta posizionate dietro un basso parapetto, dal quale è possibile scorgere e controllare direttamente il mare.

La denominazione di forti umbertini, attribuita ufficialmente a tali opere da alcuni autori locali, non è attendibile e piuttosto confusionaria. I documenti d'archivio consultati[8], infatti indicano in alcuni casi il termine generico di *forti, fortezze costiere,* e più spesso *batterie.* Attribuzione più pertinente vista la tipologia e la specifica funzione delle fortificazioni in esame. Per quanto riguarda l'aspetto costruttivo, le batterie presentano una assoluta uniformità di soluzioni. La tecnica, i materiali, gli espedienti tecnologici, si ripetono in tutte le strutture.

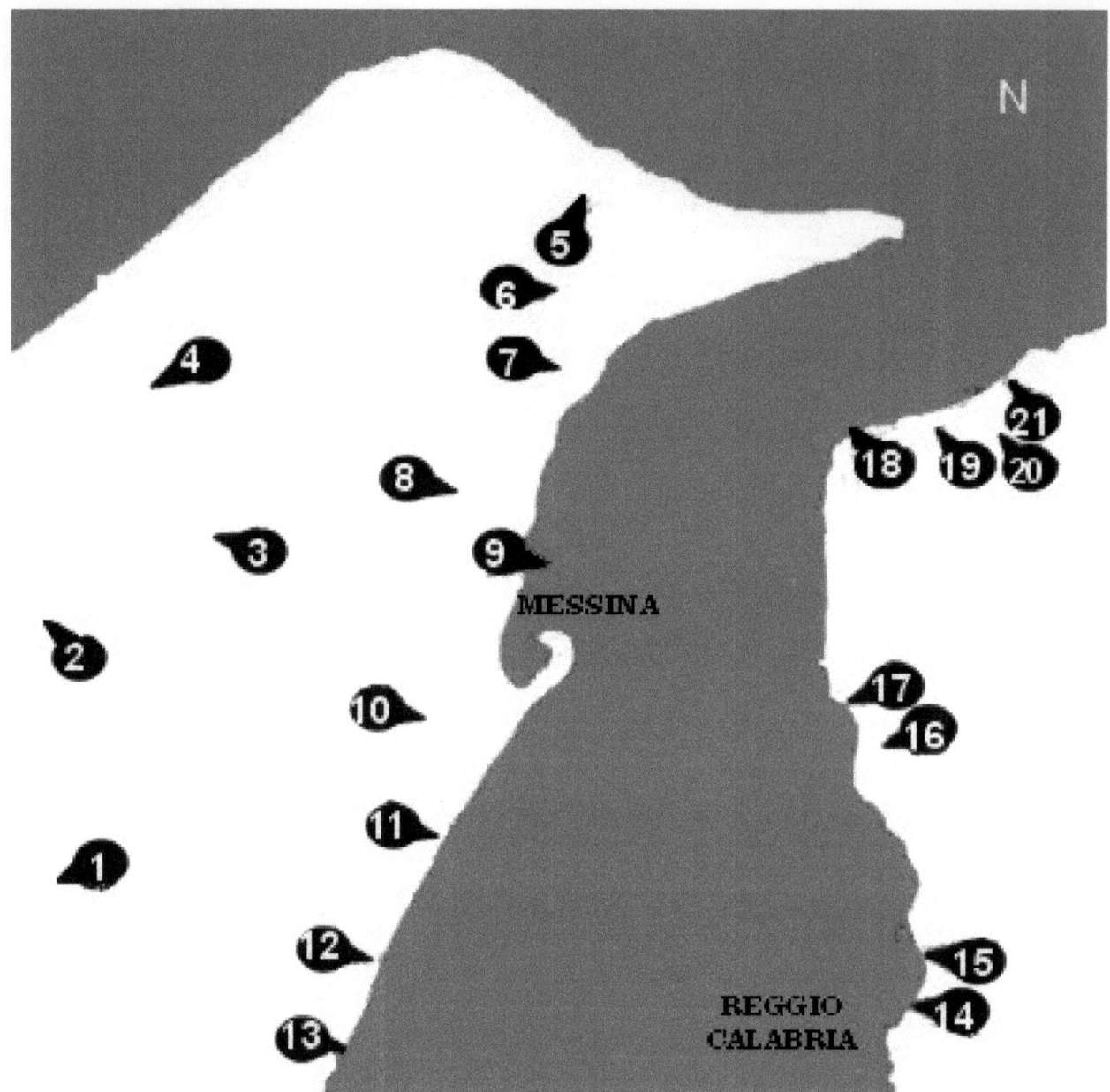

Fig. 3 La mappa delle batterie dello Stretto di Messina con relativo orientamento (elaborazione Donato)

I paramenti esterni in pietra sbozzata, venivano riempiti con inerti più o meno grandi e un legante costituito da acqua e probabilmente calce idraulica. La muratura è costituita da un paramento esterno di pietra, riempito con pietrame di scarto e malta, regolarizzata da orizzontamenti in mattoni. Questi trovano impiego anche nelle ammorsature dei muri e in alcuni casi negli angolari e alle sommità, in altri rinforzate con pietra squadrata, lavorata a sistemi a blocchi.

---

[8] Ad esempio le norme intorno la costruzione delle batterie da costa per il tiro curvo,1895, Roma; le memorie storiche del 4° Reggimento di Artiglieria da Fortezza anni 1911,12,13 (*Memorie-4°Artiglieria*), il *Trattato di Organica* (Torino 1914), nonché i faldoni dell' Archivio Milmart (AUSMM, Roma).

I vani sono coperti con strutture voltate con mattoni posti di coltello, mentre nelle caponiere e in altri ambienti sono utilizzate putrelle in acciaio. La pietra è il rivestimento privilegiato, mentre il mattone serviva ad evidenziare gli elementi formali, impiegati anche in alternanza con la pietra lavica nelle pavimentazioni e nei rivestimenti delle rampe di collegamento, utilizzata anche nelle cunette del deflusso delle acque piovane, scavate nei cornicioni.

Fig. 4 Alcuni esempi di batterie. 1. Messina. La grande batteria Masotto (Polveriera) dotata di due ingressi, fossato perimetrale rivestito e quattro caponiere di cui due frontali angolari, una frontale centrale e una di gola che controlla l'ingresso secondario attraverso il fianco sinistro della polveriera di pianta triangolare, posta sulla gola. 2. Matiniti Superiore (RC). La grande batteria Siacci con fossato perimetrale e due caponiere frontali angolari. La gola è protetta da un blocco casamattato che consente l'accesso alla polveriera di pianta triangolare. 3. Matiniti Inferiore (RC).L'omonima batteria, con fossato perimetrale rivestito e tre caponiere, di cui una di gola e due frontali angolari. 4. Batteria Catona (RC), con unica caponiera di gola e relativo fossato (foto-elaborazione Donato)

L'aspetto stilistico è in generale molto curato e rifinito, e in alcuni casi di pregio, come ad esempio per i portali ornamentali d'ingresso delle batterie di maggiori dimensioni, che si differenziano da quelli standard.

I sistemi d'arma

Il funzionamento dei complessi destinati al servizio delle piazze e delle coste, si rifaceva ai sistemi già in uso dalla fine del Settecento (Gribeauval), ovvero mediante piazzole in cui i sott'affusti montati, servivano a guidare gli affusti nella manovra e durante il rinculo del pezzo, nonché a dare a questo la direzione conveniente[9].

L'armamento principale, trasferito per mezzo delle rampe sul terrapieno largo da 8,50 - 10 metri, consisteva in artiglierie di grosso calibro utili al tiro curvo di sfondo contronavi. Ovvero obici corti (C) da 28 cm GCR (Figg. 4, 5), lunghi 9 calibri, quindi tali da poter essere meglio classificati come mortai.

Le artiglierie erano incavalcate su affusti da difesa e sott'affusti a molle a perno centrale. Il settore verticale di tiro era variabile da -10 a +75 gradi, la gittata massima di circa 7200-8200 m, e minima variabile da 800 a 1650 m per i pezzi montati su affusti regolamentari, e 1500 m per quelli su affusto idropneumatico. La lunghezza totale risultava di 2863 cm, Il peso in media di 10793 kg, 5135 kg quello dell'affusto e 7676 kg del sott'affusto. Il pezzo si poteva caricare in circa 2 minuti e aveva una cadenza di un colpo ogni 4 -6 minuti.

I complessi da 28 erano montati in coppie di piazzole (la distanza tra i centri delle piattaforme di ciascuna coppia misura generalmente 6 metri) circolari profonde circa 40 cm, con imbasamento del paiolo in conci di granito o basalto, sul quale era assicurata una piattaforma elastica in legno di quercia con inchiavardata la base del rocchio, e con applicati piastroni di ferro che sostenevano la rotaia sulla quale scorrevano le rotelle del sott'affusto (Figg. 7, 8, 9). Per le artiglierie incavalcate su sott'affusto a lisce a cassa su molle, la base del rocchio di ciascuna piazzola era fissata al concio centrale mediante 4 chiavarde impiombate al centro, e altre 48 (Fig. 8) anch'esse fissate nelle pietre dell'imbasamento, che attraversavano i cuscini e i piastroni, in modo che tutto il sistema fosse saldamente collegato al fondo. L'arco dentato posteriore per il brandeggio, invece poggiava direttamente su un apposito vano ricavato nel paiolo stesso, dietro la piattaforma. La mira di direzione e del mirino erano applicati al fianco sinistro, assieme al paranco utile ad issare la granata alla culatta. I complessi con affusti idropneumatici erano installati su piattaforma a tamburo girevole (Fig.10). Dotati di fianchi triangolari, con lisce inclinate indietro, per lo scorrimento dell'affustino sul quale era incavalcato il mortaio. L'affustino era trattenuto in posizione di sparo alla sommità dell'affusto da due freni recuperatori idropneumatici, disposti lungo le lisce, utili a frenare il rinculo dell'affustino all'atto dello sparo permettendo la sosta in posizione abbassata per il caricamento dell'obice, ed il risollevamento in posizione di sparo mediante apposita leva di comando. Il settore verticale di tiro varia tra i 45 e i 75°, mentre la gittata massima era di 9000 metri, mentre il peso dell'affusto e della piattaforma di 9516 kg[10].

Le piazzole dovevano essere realizzate con la massima cura, per evitare a causa dello sparo, cedimenti o alterazioni dell'orizzontalità dei paioli, che avrebbero potuto impedire o rendere difficile il movimento del' sott'affusto. Il piano di mira si trovava esterno al fianco destro.

---

[9] REAULEAUX 1891, pp. 211, 212.
[10] GRANDI 1934, p. 143.

Fig. 5 Esempio di obice da 28 C, incavalcato su affusto da difesa e sott'affusto a molle a perno centrale, su piattaforma circolare. Si notano i volanti per regolare l'alzo e il brandeggio, nonché il paranco per issare la granata alla culatta (collezione Riccobono)

Fig. 6 Obice da 28 cm C con servente, verso la fine dell'Ottocento (da *Artiglieria* 1895)

Fig. 7 Messina. Batteria Masotto. Particolare di una coppia di piazzole per obice da 28 C, con i fori per le chiavarde per la base del rocchio (foto Donato)

Fig. 8 Messina batteria S. Jachiddu, particolare di una piazzola per obice da 28 C, ancora dotata delle 52 chiavarde. Si nota chiaramente l'alloggiamento dell'arco dentato posteriore per il brandeggio (foto Donato)

Fig. 9 Reggio Calabria, batteria Pellizzari. Particolare di due delle quattro piazzole per obice da 28 C, separate dalla riservetta munizioni. (foto Donato)

Fig. 10 Messina, batteria Crispi. Particolare di una delle quattro coppie di piazzole per obice da 28 C su affusti idropneumatici Armstrong. Si notano sui conci basaltici, gli scassi per l'installazione della piattaforma girevole (foto Donato)

La granata da 28 era perforante, lunga 85 cm e pesante 245 kg pronta per lo sparo se carica di polvere, 219 kg se carica di fulmicotone[11].

In alcuni casi erano armati obici da 24 cm GRC su affusti da difesa e sott'affusti a perno anteriore (Figg. 11, 12, 13, 14), con settore verticale di tiro variabile da 0 e 43 gradi, gittata massima di circa 4800 m e minima di 1300.(17) L'arma era lunga in totale 2515 cm (circa 9 calibri, per cui anch'essi sono di fatto classificabili come mortai), pesava 4439 kg, l'affusto 945 kg e il sott'affusto 2860 kg. La mira di direzione ed il mirino erano applicati al fianco sinistro dell'affusto, insieme al paranco per issare le granate alla culatta. La granata da 24 era perforante, lunga 71 cm e pesante pronta per lo sparo, 120 kg[12].

Le poche batterie minori armavano invece cannoni da 15 cm (Figg. 15, 16, 17), anch'essi incavalcati su affusti da difesa e sott'affusti a perno anteriore, simili a quelli per obice da 24 cm, seppur di minori dimensioni.

In questi casi il brandeggio del pezzo era assicurato dalla tipologia di piazzola, composta da una rotaia in ferro posteriore fissata al piano, sulla quale scorrevano due rotelle poste sotto la coda dell'affusto, mentre due rotelle più piccole agivano sotto il perno anteriore, fissato nella piazzola per mezzo di un blocco di pietra inchiavardato al fondo, ed attorno al quale girava il sott'affusto. Nella piazzola per obice da 24 cm veniva installato sotto il rocchio, un cuscinetto elastico in legno in apposita fossa in granito o basalto, poiché nel tiro con grandi angoli di elevazione, la percossa dovuta allo sparo poteva essere tale da sconnettere o rompere la pietra.

Fig. 11 Messina. Batteria Ogliastri. Una delle tre coppie di piazzole per obice da 24 cm, separate dalle riservette munizioni (foto Donato)

---

[11] *Norme* 1895, pp. 6,7,8,19.
[12] *Norme* 1895, pp.6, 22, 23.

Fig. 12 Messina, castello del SS. Salvatore. Coppia di piazzole per pezzo da 24 cm, ricavate dietro le originarie troniere cinquecentesche (foto Donato)

Fig. 13 Cannone da cm 24 verso la fine dell'Ottocento (da *Artiglieria* 1895)

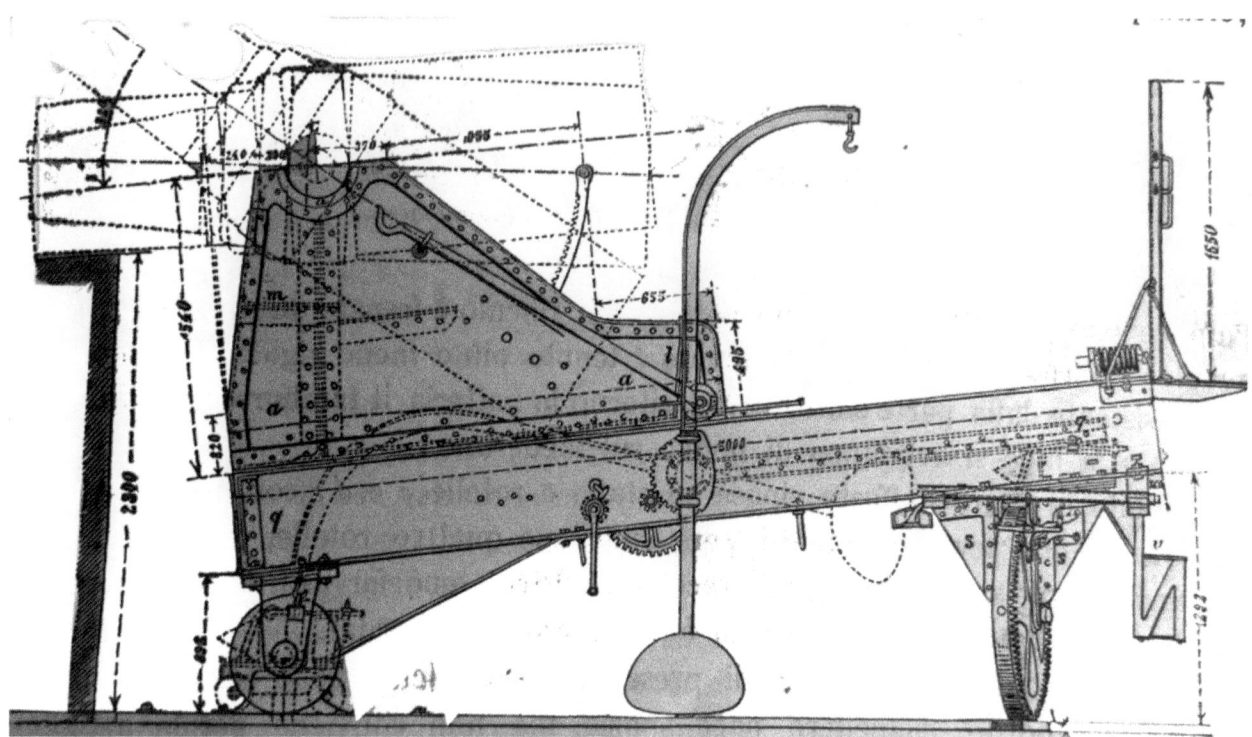

Fig. 14 Disegno del cannone da cm 24 con relativa installazione (da REULEAUX 1891)

Fig. 15 Messina. Batteria Monte dei Centri. Una delle due coppie di piazzole per cannone da 15 cm (foto Donato)

Fig. 16 Sezione di cannoni da cm 15 in azione, il pezzo a destra è in posizione di massimo rinculo (da *Artiglieria* 1895)

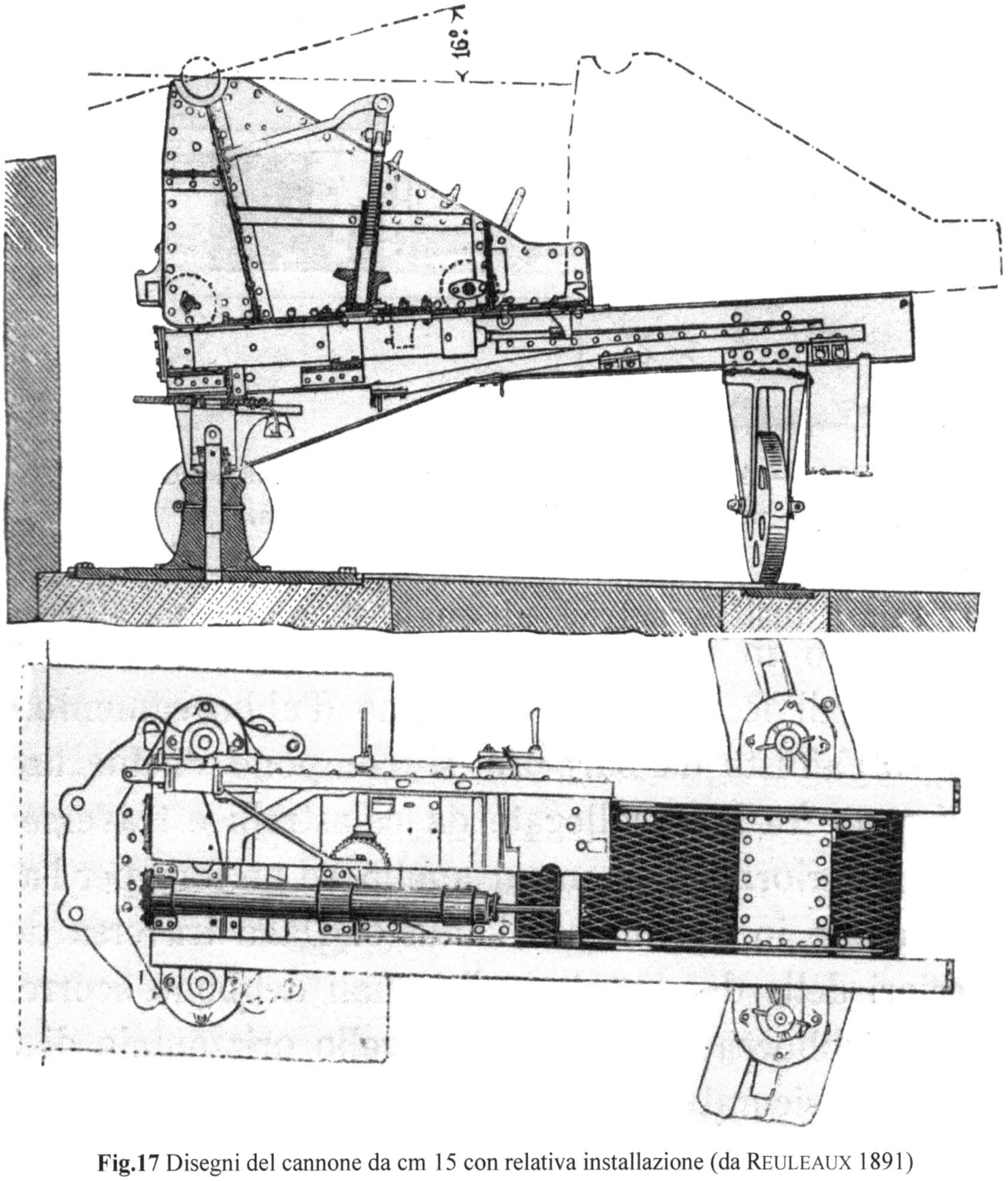

Fig.17 Disegni del cannone da cm 15 con relativa installazione (da REULEAUX 1891)

Il servizio di traino delle grosse bocche da fuoco e pesanti accessori presso le batterie, a cura del personale della Direzione di Artiglieria, presentava varie difficoltà, specialmente nel caso di percorsi dissestati di collegamento e di accesso, lontani e molto elevati, nonché contraddistinti da notevoli pendenze e tornanti.

Di norma con carichi superiori alle 5 tonnellate, in prossimità di pendenze di oltre il 7/% con strade poco battute e a bruschi risvolti come nel caso di Messina, l'uso delle sole pariglie si dimostrava dispendioso, difficoltoso e in alcuni casi pericoloso, essendo necessario ricorrere o alla manopera o all'uso di speciali macchinari più stabili e con una forza motrice molto rilevante ed uniforme. Ovvero le locomotive stradali (motorizzate Compound) a vapore, dotati di carri leva attrezzati per manovre di scarico e carico di grossi pesi.

La superiorità e i vantaggi dei macchinari rispetto ai carri apparivano evidenti sotto molti aspetti, specialmente se si considera che 3 pariglie producevano uno sforzo di 3000 kg, contro i 5000 di una sola locomotiva stradale avente potenza di 50 CV[13].
Nel 1890 alcuni ufficiali del Genio, suggerivano per il servizio di traino delle grosse bocche da fuoco e pesanti accessori di batteria per una piazzaforte marittima, la seguente dotazione:
1. 2 locomotive stradali Compound da 50 CV, del peso di 15 t, capaci di uno sforzo di trazione al gancio di 5000 kg, e con verricello centrale;
2. un carro leva a martinello con portata di 25 t;
3. un carro matto a sale curve con portata di 15 t.

La protezione e il fronte di gola

Seppur le batterie scoperte ed elevate in quota fossero esposte al fuoco navale avversario limitato solo a piccoli angoli di caduta, la protezione e il mimetismo erano assicurati da spessi parapetti e da masse coprenti frontali utili ad annullare o limitare gli effetti delle grosse granate navali, e proteggere i locali retrostanti e sottostanti.

I materiali per la protezione impiegati per le fortezze costiere e terrestri erano gli stessi, ma cambiava il metodo di applicazione, in base alle variabili fornite dalla potenza e dalla tipologia degli strumenti distruttivi.

Per la fortificazione permanente terrestre, soggetta anche ai tiri metodici e prolungati arcati con granate torpedini, erano necessari il calcestruzzo cementizio e i materiali di ferro. Per quanto riguarda quella costiera invece, le caratteristiche della relativa offesa erano funzione della capacità organica tattica e tecnica delle corazzate. Ovvero la mancanza di tiro arcato e delle granate torpedini, a favore del tiro radente non sistematico e prolungato a piena carica con forti velocità iniziali, effettuato da cannoni lunghi di grosso calibro. Per tali motivi per le batterie costiere era generalmente più indicato l'utilizzo normale di terra e sabbia per le masse di protezione, la cui grossezza era determinata in base alla penetrazione dei proietti di maggiore potenza lanciati dalle artiglierie navali alle distanze normali di combattimento (Fig. 18).

Lo spessore del parapetto si stabiliva mediante il calcolo delle penetrazioni, i cui risultati consigliavano uno spessore medio dei parapetti di 12- 15 metri, con eventuali aumenti di 2 o 3 metri al massimo, o in alternativa il consolidamento del rivestimento di muratura della scarpa interna[14].

---

[13] MIRANDOLI 1895, pp. da 372 a 414.
[14] ROCCHI 1896, pp. 145, 146, 152.

L'altezza, l'inclinazione e l'ampiezza del piovente erano variabili in base al tipo e la resistenza del materiale presente o impiegato (sabbia, argilla, calcestruzzo, roccia), all'altitudine, al tipo di costa e la distanza della batteria da essa.

La difesa vicina in modo particolare del fronte di gola (Figg. 19, 20), corrispondente all'ingresso, è invece assicurata da spianate, fossati secchi anche perimetrali e rivestiti di varie profondità, cortine con feritoie orizzontali, ponti levatoi in ferro a contrappesi o a bilico[15], la cui chiusura o apertura veniva regolata attraverso una barra manuale, posta all'interno di una camera interna, ricavata al livello del fossato. In tale locale, attraverso due archi paralleli, scendono i contrappesi posti sulle frecce posteriori del ponte, che se non bloccato sia nel locale, sia con gli appositi fermi che agganciano il palco al mezzo ponte fisso, rimane in posizione di chiusura (Fig. 21).

Fondamentale per la difesa della batterie era la caponiera, opera casamattata sporgente dal muro di cortina, dotata di tre facce, disposta solitamente su due ordini di fuoco e dalla quale era possibile battere il fossato con tiro d'infilata. Le batterie dello Stretto sono solitamente difese da caponiere singole poste a difesa della gola, ma in alcuni casi sono anche frontali e angolari per la protezione delle opere dotate di fossato perimetrale (Fig. 21). Le caponiere potevano essere armate con apposito cannone da 57 mm a tiro celere sistema Nordenfelt, a perno fisso con o senza rinculo e freno idraulico[16].

Fig. 18 Dall'alto: Messina. Il fronte di gola e l'estensione orizzontale della batteria Cavalli; il fianco meridionale della batteria Monte dei Centri, dotato di opera difensiva a mezzaluna, e il fianco settentrionale della batteria Schiaffino (foto Donato)

---

[15] SCARAMBONE 1839, pp. 19, 20; CAVALIERI SAN BERTOLO 1851, p. 149.
[16] REAULEAUX 1891, p. 292.

Fig. 19 In alto, Messina. Il vasto fronte di gola della batteria Masotto. Si notano un tratto del fossato di gola rivestito, protetto dalla faccia settentrionale della caponiera, il corpo di fabbrica nel fossato dotato di prese d'aria, la più recente gabbia di Faraday e in fondo l'ingresso. In basso, Matiniti Superiore (RC). La batteria Siacci con l'ingresso a ponte levatoio sul fossato di gola rivestito, visto dal blocco casamattato che lo controlla dando accesso anche alla polveriera. Le due batterie simili per piante e dimensioni, sono le più vecchie e vaste del sistema difensivo di fine Ottocento (foto Donato)

Fig. 20 In alto il fronte di gola della batteria Pentimele Sud (RC). Da sinistra in alto, Messina. Il fronte di gola della batteria Serra la Croce, con ingresso a ponte levatoio e la caponiera che lo difende. A destra Messina. Faccia della caponiera della batteria Campone che controlla il fossato di gola rivestito. In basso a sinistra, l'interno della caponiera frontale angolare meridionale della batteria Masotto. A destra l'interno della caponiera angolare settentrionale della batteria Siacci, dotata di piano d'appoggio per l'arma (foto Donato)

Fig. 21 In alto a sinistra, Messina. Particolare dell'ingresso della batteria Serra la Croce, col muro di cortina nel quale si innesta il ponte levatoio, a sua volta poggiante sul mezzo ponte fisso in muratura. All'interno si nota la porta d'accesso al locale contrappesi del ponte. A destra, batteria Poggio Pignatelli (RC). L'interno del locale contrappesi del ponte, con gli archi nel quale discendono le frecce allorquando si abbassa, con la relativa barra di regolazione. In basso a sinistra, stesse caratteristiche del locale contrappesi della batteria Masotto. A destra, feritoia verticale che controlla lo stesso ponte (foto Donato-Epasto)

Inoltre, a seconda dei casi e indipendentemente dalla cooperazione delle forze attive e delle navi locali, la gola e i fianchi potevano all'occorrenza essere armati con artiglierie di medio calibro posizionate in modo da essere sottratte all'azione del tiro dal mare. In caso di necessità si collocavano batterie occasionali fuori opera, allo scopo di battere il naviglio avvicinatosi alla costa o i siti in cui il nemico, riuscito a sbarcare, avesse tentato un'azione da terra[17].

Data l'ubicazione delle batterie in zone molto spesso elevate ed il materiale altamente esplosivo contenuto, era fondamentale la protezione antifulmine, composta originariamente dallo spandente (Fig. 22), ossia una maglia a barra di rame che scaricava l'energia tramite un cavo di messa a terra. In epoche più recenti tale sistema è stato sostituito ricoprendo per intero le strutture con una griglia

---

[17] *Norme* 1895, pp. 7, 19, 20.

Fig. 22 Messina, batteria Serra la Croce. In alto a sinistra e in basso, il pilastro nel quale era agganciato il vecchio sistema parafulmine a spandente. A destra in alto, lo stesso sistema presso la batteria Cavalli (foto Donato)

metallica parafulmine (ancora oggi visibile), funzionante secondo il sistema della gabbia di Faraday, cioè un metodo di schermatura mediante superficie metallica discontinua a reticolato o gabbia.

Impianti telemetrici

La capacità balistica di una batteria da costa, dipendeva necessariamente dalla precisione e dal corretto uso degli strumenti telemetrici, da considerarsi un tutt'uno con le artiglierie, in quanto parti concorrenti ad un medesimo scopo, ovvero quello di colpire il bersaglio.

Le misura della distanze per determinare i dati di tiro (cariche, gradi di elevazione e scostamenti), si eseguiva per mezzo delle stazioni telemetriche. Nello specifico si utilizzavano telemetri Braccialini a base verticale mod. 86 o 86/901, per i quali il settore di esplorazione non superava i 120 gradi. Inoltre essendo la base costituita dall'altezza del cannocchiale sul mare, era necessario il posizionamento ad un quota non inferiore ai 30 metri. I telemetri (Fig. 23) erano sistemati su appositi grossi supporti in pietra di forma quasi circolare, aventi altezza e diametro di circa 50 cm, posizionati all'interno di due casotti corazzati, a loro volta ubicati sui fianchi della linea dei pezzi, in posizione debitamente distante e leggermente più elevata, in modo da poter scorgere l'intero specchio d'acqua da battere con le artiglierie (Fig. 24).

Il diametro interno del casotto, che ospitava un telemetrista è pari a 2 metri. Per eseguire il puntamento in direzione col telemetro, l'addetto collimava al bersaglio, aiutato da tabelle grafiche e il telefonista leggeva l'angolo segnato dal contatore trasmettendolo in modo continuo ai pezzi.

I telemetri a loro volta potevano rettificarsi intanto tramite la livellazione, la rettificazione della scala e del suo indice, nonché per mezzo di tre capisaldi telemetrici, collocati a conveniente distanza, di cui uno posizionato a grande distanza (non oltre la massima di tiro), uno a media (circa 3000- 4000 metri) e uno a piccola distanza (circa 1000-2000 metri).

I capisaldi utili per l'azione con scarsa visibilità, potevano essere immersi (reali), ovvero pilastrini o colonnini facilmente visibili, con la base costantemente bagnata dal mare, o emersi (fittizi), ovvero che le distanze suindicate fossero quelle a cui le visuali partenti dal telemetro e passanti per il punto di collimazione dei capisaldi stessi, raggiungessero il livello del mare. Per la segnalazione ai pezzi dei dati di puntamento, esistevano il metodo della trasmissione meccanica e successivamente elettrica Braccialini[18].

Il servizio telemetrico doveva essere espletato da personale specializzato. I compiti del telemetrista erano tutto sommato facili, basati su semplici calcoli aritmetici. Tuttavia l'esecuzione materiale in situazioni difficili o peggio di guerra, poteva insieme alla cause cosiddette perturbatrici, generare errori e variazioni. Fatti che rendevano difficoltosa l'efficacia del tiro della batteria contro obiettivi mobili e tendenti al cambio repentino di rotta, da colpire eventualmente anche mediante le artiglierie di più batterie poste a quote differenti. Il capitano De Stefano, agli inizi del Novecento, progettò in particolare per le batterie da 280 mm elevate a quote medie di circa 300 m, speciali tabelle di tiro utili ad aiutare il telemetrista nelle sue attività[19].

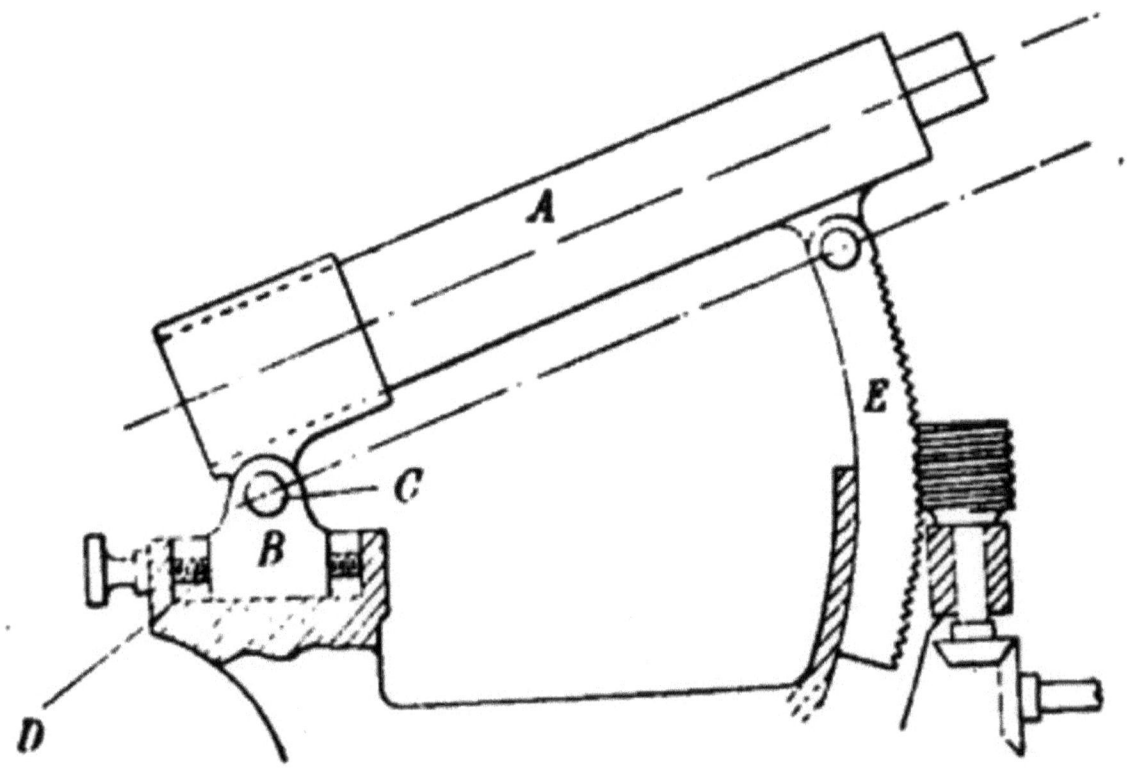

Fig. 23 Disegno di telemetro a base verticale per batterie da costa nel 1906 (da RIGHI 1896)

---

[18] *Norme* 1895, pp. 32-35.
[19] DE STEFANO 1904, pp. 350-362.

Fig. 24 Messina. Batteria Serra la Croce, particolari dei casotti telemetrici corazzati, disposti ai fianchi della linea dei pezzi ed efficacemente protetti e mimetizzati. Si nota all'interno la feritoia centrale e il basamento lapideo sul quale poggiava lo strumento. Il terrapieno con le due coppie di piazzole circolari, separate dalla riservetta centrale, è stato ripiastrellato in tempi relativamente recenti. Questi casotti, insieme a quello residuo della batteria Schiaffino, sono gli unici rimasti, e anche per tali motivi andrebbero decisamente meglio tutelati e conservati (foto Donato)

Servizio delle munizioni

Le batterie erano predisposte per accogliere il materiale esplodente necessario (granate, cartocci, cannelli, spolette e polveri), in appositi locali alla prova e riservette, protetti, ben illuminati, asciutti e isolati, posti dentro o fuori opera. Il numero e l'ampiezza dipendevano dalle esigenze di servizio, variabili a seconda dei casi (Figg. 25, 26, 27).

Dato che una granata carica anche se non innescata, poteva esplodere a causa dello scoppio di un 'altra vicina o di una scheggia, i locali per il deposito dovevano necessariamente essere defilati e nascosti alla vista da mare, ubicati possibilmente dietro la massa coprente, in strutture dotate di grossi muri e aperture munite di blindature con locali voltati a botte, coperti da un alto strato di terra. In base alle prove di tiro effettua nei poligoni, si era stabilito che la grossezza delle volte dei locali, dovesse avere nel caso di massima resistenza uno spessore di circa 2,50 metri, riducibile nel caso delle batterie elevate in quota anche ad 1,50 - 1 metro[20].

Secondo le prescrizioni, le riservette dovevano contenere di 250 colpi per pezzo. Le granate - mina al fulmicotone erano riposte in locali diversi da quelli per le granate a polvere ordinaria. Inoltre dovevano essere pronti 150 cartocci per pezzo conservati in custodie di ferro e zinco a chiusura ermetica da 24 o 32; di cui parte all'interno delle riservette e parte nei magazzini da polvere.

Le granate erano disposte in locali che per dimensioni consentivano la disposizione su due cataste di quattro strati con le spolette e i tappi rivolti verso il centro, permettendo così il controllo e il sollevamento qualora fosse necessario. Ogni riservetta per le granate era munita di due guide di ferro, che collegate alla catasta e dotate di paranco, ne consentivano il prolungamento, consentendo di depositare o prelevare i proietti e trasferirli agli elevatori. L'innescamento delle granate, era un'operazione compiuta esclusivamente dalle direzioni territoriali di artiglieria o dai laboratori pirotecnici. Il rifornimento delle riservette per le batterie alte si effettuava allo scoperto, e nel caso di quelle di Messina avveniva dal piazzale dell'opera. Il rifornimento dei cartocci e delle granate alle piazzole avveniva in modi differenti, in base alla conformazione delle batterie nonché del tipo di locali e del terrapieno. Infatti in alcuni casi, i cartocci venivano issati sui terrapieni da un addetto posto nei locali alla prova sottostanti le piazzole. Questo tramite un'apertura consegnava le cariche ad un altro operatore posizionato nel pozzetto ricavato a ridosso del parapetto, e che mette in comunicazione la riservette con le piazzole (Fig. 28). Le granate invece erano portate a mezzo carretto scorrevole in alcuni casi su binario e issate o con i paranchi fissati sul terrapieno, oppure con gli elevatori.

In altri casi invece il terrapieno è dotato di riservette che separano le coppie delle piazzole. I cartocci e le granate erano portati presso l'elevatore a mano o meglio piano a piattaforma mobile con arganetto Megy[21], direttamente dal livello inferiore alle riservette nei locali laterali sottostanti i casotti telemetrici (Figg. 29, 30, 31). La targhetta presente sugli strumenti riporta il nome della fabbrica francese, il modello che prende nome dai tre progettisti, il numero di serie e l'indirizzo, ovvero: «Sautter Le Monnier & C, appareils Megy, Echeverria & Bazan, n 3067, 26 avenue de Suffren, Paris».

Gli elevatori erano composti da una piattaforma per il proietto, che azionata dalla manovella collegata ad una ruota, saliva e scendeva scorrendo dentro due guide verticali in ferro dotate di catene. Una volta issate al terrapieno delle artiglierie, le munizioni venivano trasportare all'esterno a mezzo di un paranco mobile.

---

[20] ROCCHI 1896, pp. 153, 154.
[21] Le due coppie di preziosi esemplari installati presso la batteria Serra la croce, purtroppo non sono adeguatamente tutelati e valorizzati nonostante i 125 anni e la rarità.

Fig. 25 Messina. Batteria Masotto. Particolare della grossa polveriera a pianta triangolare disposta presso il fronte di gola dell'opera e adeguatamente protetta con terra di riporto. E' ipotizzabile che proprio al suo interno si sia verificata la devastante esplosione che nel dicembre 1888 uccise 22 soldati del 25° reggimento artiglieria, compreso un capitano e la moglie. A destra si nota l'ingresso di servizio che immette direttamente nel fossato perimetrale dell'opera (foto Donato)

Fig. 26 A sinistra Matiniti (RC). La vasta polveriera ipogea della batteria Siacci. A destra la polveriera fuori opera della batteria Puntal Ferraro di Messina (foto Donato)

Fig. 27 Messina. Vasto locale per il deposito munizioni risalente alla fine dell'Ottocento, e riutilizzato sino ad epoche recenti. Si notano infatti anche i resti della colorazione policroma applicata verosimilmente durante la seconda guerra mondiale e la gabbia parafulmine rispondente al sistema di Faraday (foto Donato)

Fig. 28 Esempi di riservette sottostanti la linea dei pezzi. In alto a sinistra. Batteria Poggio Pignatelli (RC), con le coppie dei vani di comunicazione tra il terrapieno e la sottostante riserva, attraverso i quali all'addetto veniva consegnato il cartoccio della carica di lancio. Anche in questo l'opera è ancora protetta dalla gabbia di Faraday. A destra in alto e in basso a sinistra e a destra; le riservette delle batterie Siacci, Crispi e Masotto (foto Donato)

Fig. 29 Messina, batteria Serra la croce. Una delle due coppie di elevatori *Megy,* e la nicchia che mette in comunicazione il locale con la retrostante intercapedine (foto Associazione Trapper Sociale)

Fig. 30 Particolare del meccanismo, privo di manovella. Anche questi ormai unici accessori non andrebbero lasciati in totale abbandono, così come invece purtroppo accade. (foto Associazione Vento dello Stretto)

Fig. 31 Il locale alla prova sottostante il casotto telemetrico, nel quale per mezzo dell'elevatore, le granate venivano issate, poggiate sui basamenti in pietra, estratte dalle aperture e quindi sistemate sul terrapieno tramite un paranco mobile (foto da Associazione Vento dello Stretto)

Oltre che delle riservette, la batteria era fornita di locali per la preparazione dei cartocci e per il caricamento delle granate, insieme a quelli per riporre le spolette e i cannelli. Dato il grande quantitativo (svariate tonnellate) di polvere di vario tipo necessario per le artiglierie, da contenersi in recipienti metallici a chiusura ermetica, con capacità di 50 -60 kg, altrettanto importanti erano i magazzini da polvere, esistenti o meno a seconda dell'ubicazione della batteria. In alcuni casi infatti le opere ne erano sprovviste potendo rifornirsi da un vicino deposito. I magazzini potevano trovarsi come già detto fuori opera, scavati nella roccia o seminterrati, oppure all'interno delle batterie, in luoghi sicuri possibilmente ipogei. I magazzini da polvere, i locali per il deposito e i laboratori, sono circondati da una intercapedine (Fig.32) che corre lungo i muri di testata. Per l'illuminazione dei suddetti locali, l'intercapedine è dotata di nicchie nelle quali erano installate lampade ad olio ad efflusso intermittente, munite di riflettore. Dalla parte del locale da illuminare la chiusura delle nicchie era a chiusura ermetica, costituita da una lastra di vetro spessa 4-6 mm, fissata ad un telaio di legno. Dalla parte opposta invece era installato uno sportello in legno sempre chiuso quando la lampada era accesa, e sostenuta da armature di ferro fissate alla nicchia (Fig. 29).

Oltre ai suddetti locali, le batterie disponevano dei corpi di guardia, servizi igienici e sanitari, cisterne collegate ad un sistema manuale di pompaggio (Fig. 32), magazzini per il materiale, ed eventuali ricoveri in appositi baraccamenti, per un presidio di fanteria e i serventi di artiglieria in ragione di 24 unità per pezzo[22].

Fig. 32 Messina. Batteria Puntal Ferraro. A sinistra l'intercapedine, a destra la pompa manuale per la circolazione dell'acqua. Esemplare unico rimasto (foto Luchini)

---

[22] *Norme* 1895, pp. 9-19.

L'esecuzione del tiro

Secondo i manuali del 1897, la condotta del fuoco delle artiglierie da costa si esplicava attraverso vari passaggi. Il tiro costiero era reso difficoltoso da una certa lentezza, dalla mobilità del bersaglio e dalla breve permanenza di esso sotto il tiro. Ciò non permetteva l'applicazione delle regole generali proprie dei tiri da campagna e di assedio, dovendosi escludere le correzioni durante l'azione, a favore delle correzioni finali con colpi di prova.

«Compiti dei capigruppo e dei comandanti di batteria». Al capogruppo spetta il compito di distribuire il fuoco fra le batterie e intervenire quando reputi necessaria un'azione concorde alle batterie dipendenti, specialmente quando queste siano in condizioni tali da permettere la dispersione di gruppo mediante il tiro simultaneo. Soltanto in queste occasioni il capogruppo prenderà l'iniziativa; per il rimanente lascerà la massima libertà ai comandanti di batteria. Il comandante della batteria dovrà conoscere a fondo la teoria e la pratica del tiro e le condizioni speciali della sua batteria, per poter opportunamente concentrare il fuoco dei suoi pezzi, o razionalmente disperderlo. Inoltre dovrà sapere maneggiare con molta perizia il telemetro, e possibilmente riuscire ad apprezzare bene a vista le distanze della propria batteria.

«Distribuzione del personale». Necessita distribuire il personale in vari gruppi, ed ogni comandante di batteria dovrà fin dal tempo di pace, compilare uno specchio indicante la ripartizione di esso, tenendo conto dei vari periodi delle operazioni di mobilitazione e della speciale ubicazione della batteria. Nello specchio in parola, saranno pure accennati i ripieghi e le riduzioni di personale da farsi nelle contingenze prevedibili.

«Servizio dei pezzi». Tra i comandanti di sezione, il più elevato in grado o più anziano prenderà il comando della sezione più lontana dal posto del comandante di batteria. Questi però potrà in condizioni speciali cambiare ad arbitrio l'ordine dei comandanti di sezione.

«Preparazione delle batterie, correzioni iniziali, colpi di prova». Dopo aver provveduto alle verificazione e rettificazione degli apparecchi di puntamento, delle linee telefoniche e dei telemetri, il comandante della batteria si assicurerà personalmente della disposizione dei cartocci nelle riservette e nella polveriera e ordinerà il servizio di rifornimento delle munizioni, prendendone nota per sapersi regolare, nel tener conto, durante i tiri, delle variazioni di velocità iniziale, a seconda della provenienza dei cartocci confezionati o da confezionare. Si procederà a prepararsi gli elementi necessari per le correzioni iniziali, sparando un numero sufficiente di colpi di prova. Potendo trascorrere vari giorni dal momento in cu la batteria si troverà pronta, al momento in cui dovrà fare fuoco sul nemico, i colpi di prova si eseguiranno diverse volte in condizioni atmosferiche assai differenti, tenendo conto dei risultati e preparando le correzioni in metri corrispondenti alle varie distanze.

«Disposizioni esecutive per la dispersione razionale del tiro». Nel preordinare la dispersione del trio, il comandante darà sempre il compito più difficile al più anziano, e ammesso che in una batteria di 8 pezzi i comandanti di sezione siano disposti in ordine di anzianità a cominciare dalla destra, volendo scalare il tiro in distanza, darà preventivamente alcuni avvertimenti. Per esempio: «il comandante della 4^a sezione non dovrà alterare l'elevazione e la distanza di base, quello della 3^a aumenterà della quantità comandata la distanza, la 2^a sezione invece dovrà diminuire, la 1^a sezione dovrà aumentare o diminuire di una volta e mezzo o due la quantità comandata a seconda che il bersaglio si allontanerà o si avvicinerà ».Dopo i soliti comandi per l'esecuzione della carica, verrà ordinato lo scostamento, e per la dispersione del tiro potremo adottare i seguenti comandi: «Scalate le elevazioni a …. decimi (o metri); elevazione (o distanza di base)…. Gradi … decimi … (o metri); bersaglio si avvicina o si allontana». Dovendo scalare in direzione per le batterie a puntamento diretto, il comandante ordinerà ai puntatori dei pezzi dispari di puntare alla poppa, a quelli dei pezzi pari alla prora.

«Calcolo dei dati di tiro». Normalmente si procurerà di avere un ufficiale telemetrista e un aiutante (soldato o graduato). L'ufficiale adopererà lo strumento e si varrà dell'aiutante in quella misura che egli reputerà conveniente, a seconda dell'istruzione e dell'intelligenza dell'uomo di truppa che avrà a disposizione. In questo caso il comandante della batteria si preoccuperò poco del moto del bersaglio, poiché l'ufficiale telemetrista sì incaricherà di considerare la particolarità della rotta applicandovi i procedimenti adatti alla circostanza. Il comandante interverrà soltanto se si accentuasse la curvatura della rotta, o le evoluzioni capricciose lo inducessero a scalare le distanze e gli scostamenti.

«Apertura del fuoco». Una volta riconosciuta la nave nemica, non avendo ordini speciali, ogni comandate di batteria aprirà il fuoco di propria iniziativa, in seguito si uniformerà agli ordini che il capo gruppo vorrà impartire. Il fuoco può aprirsi anche alle grandi distanze, ossia quando il bersaglio trovasi al di la del limite pratico d'impiego del telemetro. In questi casi, vista l'incertezza della valutazione della distanza, il comandante ricorrerà alla dispersione razionale del tiro.

«Correzioni durante il tiro». Possono essere quelle per centrare il tiro a seconda della posizione dei bersaglio, quelle già state desunte dai colpi di prova, e ve ne possono essere altre concorrenti durante il tiro, in causa di vento repentino e variabile. Vengono tutte calcolate dal capitano e comunicate al telemetrista in metri, o alterate successivamente in relazione alle distanze del bersaglio o al variare delle cause perturbatrici del tiro. Altre correzioni possono venire comunicate a tutta la batteria o parte di essa, ad ogni salva quando il comandante voglia disperdere il tiro in una direzione prestabilita per compensare le deviazioni del bersaglio, causato dalla curvatura della rotta.

«Esecuzione delle varie specie di tiro di una batteria». Una batteria può eseguire le seguenti specie di tiro:
1. «tiro per avere gli elementi di correzione o tiro di prova; tiro ordinario», quando il bersaglio trovasi al di qua del limite pratico d'impiego del telemetro e può seguirsi il puntamento preparato, ammettendo l'ipotesi del moto rettilineo equabile (costante);
2. «tiro alle grandi distanze, tiro nel caso di rotte che si scostino molto dalla rettilinea»;
3. «tiro pel caso di rotte capricciose»;
4. «tiro di notte e con tempo nebbioso», da eseguire sempre col puntamento indiretto;
5. «tiro con puntamento di ripiego», in caso di mancanza di ufficiale telemetrista, guasti al telemetro e alla strumentazione;
6. «tiro di gruppo», quando più navi si presentano nei settori di tiro di un gruppo di batterie, il capogruppo ordina il fuoco tenendo conto dell'armamento di ciascuna batteria. Nel caso di eguale armamento e navi che evoluiscono a corto raggio, fa eseguire la dispersione di gruppo[23].

---
[23] CALICHIOPULO 1897, pp. 227-233.

CAPITOLO 3

Periodi storici

Studi, Istruzioni e Regolamenti per la difesa costiera

Agli inizi del XIX secolo la situazione delle fortificazioni permanenti italiane non era delle migliori. Non facevano eccezione le batterie dello Stretto di Messina, basate su concetti costruttivi non più adeguati ai tempi, se si considera che la scienza militare già qualche decennio prima, aveva compiuto grandi progressi contemplando la progettazione e l'uso di potenti navi, armi, esplosivi nonché di fortificazioni in calcestruzzo, armate con grossi calibri in torri girevoli corazzate. Non a caso anche per la sorveglianza degli stretti, si suggeriva l'uso di cannoni di gran potenza protetti da corazze, casematte o torri girevoli, che potessero arrestare le navi a distanza di 2000-3000 metri.

L'allora maggiore Rocchi, già tra 1888 e il 1891, alla luce della sua esperienza all'estero, aveva esposto idee molto dettagliate sulla necessità di un impiego diffuso di strutture di protezione in calcestruzzo e acciaio nelle fortificazioni permanenti italiane, ritenendole superate benché in fase di completamento[1]. Tuttavia gli effetti del bombardamento delle piazze marittime da lunghe distanze (anche oltre i 15 km) erano giudicati inutili o comunque insignificanti, rispetto allo sforzo che una squadra navale doveva sostenere. Infatti erano necessarie potenti artiglierie (300, 305 mm) che però le navi dell'epoca non armavano in gran numero, non disponendo tra l'altro di un numero di munizioni tale da sostenere un attacco duraturo nel tempo. Alla medesima distanza era più probabile effettuare tiri con angolazioni da 20 a 25 gradi, mediante artiglierie di medio calibro (120, 150 mm), che costituivano il nucleo dell'armamento delle squadre. Ma la dispersione dei colpi (che aumentava all'aumentare della distanza) sarebbe stata così elevata da rendere inutile l'attacco da simili distanze. Lo stesso discorso valeva per il bombardamento ravvicinato, dovuto alla necessità delle navi avversarie, di avvicinarsi alla costa per visionare gli effetti dei colpi degli obbiettivi. Nel caso di piazze o litorali ben difesi, le navi nemiche potevano rimanere al largo, senza eseguire cannoneggiamenti inutili.

Riguardo invece la difesa costiera, le analisi dell'epoca affermavano che le batterie di obici non fossero adeguate alla difesa a lunga distanza. Infatti erano ormai necessari cannoni di grande potenza e con rapide cadenze di tiro, capaci di sparare oltre i 15 km. Gli obici che lanciavano granate mediante tiro arcato contro le tolde delle navi, con cadenze di circa un colpo ogni 4 - 6 minuti, erano efficaci nella difesa a breve distanza (da 3 a 8 - 10 km), impedendo di fatto che a quelle distanze le navi avversarie potessero occupare specchi d'acqua o transitarvi. Tuttavia a parità di distanza dell'obiettivo, la traiettorie degli obici erano nettamente più lunghe di quelle dei cannoni anche se per mezzo delle cariche impiegate, crescendo la distanza, l'aumento della durata della traiettoria degli obici era entro certi limiti, proporzionalmente minore rispetto a quello dei cannoni. Quindi l'uso di nuove polveri e l'aumentata potenza balistica (velocità iniziale) di questi ultimi, ne suggeriva decisamente l'utilizzo sia per le brevi che lunghe distanze. Inoltre gli obici di grosso calibro seppur allungati e con l'impiego di polveri di gran potenza, non potevano superare i 12 km, quindi era impossibile che la difesa di una piazza marittima potesse fare esclusivo affidamento alle sole batterie di obici, da considerarsi sussidiarie, dovendosi in base anche alle caratteristiche di

---

[1] *Quaderni* 2004-2007, p. 264.

ciascuna piazza costiera, aggiungere ad essi cannoni di grande potenza e a tiro rapido, in modo da raggiungere un giusto equilibrio tra artiglierie a tiro arcato e teso.

Dalle considerazioni risultanti il problema della difesa costiera dei primi anni del XIX secolo, risultava che l'ordinamento difensivo di una piazza marittima dovesse comprendere:
1. cannoni di gran potenza e a forti gittate per colpire le navi a distanze di 15 -16 km;
2. batterie di obici di grosso calibro con tiro arcato di sfondo a distanze variabili da 3 sino a 10 km, contro navi ferme o animate da non grandi velocità, che tentassero di occupare un determinato specchio d'acqua, allo scopo di bombardare la piazza o eseguire altre azioni;
3. batterie di cannoni di medio calibro a tiro celere contro le navi che avanzando da distanze di 8 - 10 km contro la piazza per copi offensivi, tentassero di eseguire a distanza di 4 – 6 km, il tiro a ordinata massima contro le batterie di obici elevate, mantenendosi a velocità di 8 - 9 miglia all'ora[2].

Nel 1906 il Ministero della Guerra promosse *l'Istruzione sul servizio delle batterie da costa*, che si occupava dell'organizzazione dei servizi di artiglieria delle piazzeforti marittime, il funzionamento delle batterie da costa e l'impiego tattico e le norme fondamentali della difesa delle piazze. Seguì *l'Istruzione per la vigilanza a protezione costiera*, affidata alle divisioni militari, e successivamente in cooperazione con l'Esercito, l'*Ordinamento per la difesa marittima*[3]. Nel 1910 intanto, l'artiglieria da fortezza si componeva di 10 reggimenti[4].

La Commissione di inchiesta sull'Esercito per la difesa dello Stato, istituita in Parlamento nel 1907, constatò che il progresso delle artiglierie aveva posto il problema dell'adeguamento delle difese, suggerendo la realizzazione di un preciso programma di opere moderne. Tuttavia fra il 1909 e il 1912 la difesa del territorio peninsulare e delle coste non fu rafforzata in modo significativo. Nel 1909 il maggior generale Rocchi, affermava circa l'ordinamento delle difese costiere, che

> Il principio primo dell'arte della guerra è quello di arrecare il maggior danno al nemico, rimanendo quanto più possibile al riparo dalle sue offese. Per offendere bisogna mostrarsi, per sottrarsi alle offese, nascondersi. La soluzione artistica starà nel felice contemperamento di queste due condizioni. Ma la copertura che limiti soverchiamente l'offesa, o quasi la paralizzi, non è guerra. L'inizio di un duello navale con una piazza marittima alle grandi distane, non esercita che un effetto morale tanto da parte del tiro costiero, quanto delle navi. Guai a chi si lascerà intimidire! Accanto ai cannoni di grande potenza, quando questi hanno già adempiuto al loro compito alle grandi distanze, e con gli obici col tiro arcato, rapidissimo e preciso, comincia il danno materiale dei colpi che giungono a segno, e le perdite possono divenire considerevoli, anche per il ritorno in gioco dei cannoni cui sarà più facile colpire da vicino una nave. Si arresterà l'attacco? Qui finiscono le previsioni.
> Primo obiettivo dunque delle opere costiere, sarà dunque quello di assicurare una grande azione di fuoco; secondo, quello di provvedere alla protezione delle batterie raggruppandole in numerose, ma non troppo grandi batterie. Si diffonde dunque il concetto che nella difesa delle coste, la intensità del fuoco da ottenersi con la moltiplicazione delle batterie, è da preferirsi alla loro perfezione organica e tecnica. Prima l'azione, poi la protezione[5]

Nello stesso anno il tenente di vascello Pecori Giraldi studiava e analizzava i nuovi criteri costruttivi dei cannoni navali di grosso calibro; mentre il colonnello Bennati, direttore del laboratorio di precisione, evidenziava l'efficacia dei telemetri da costa per grandi distanze a base verticale e orizzontale del maggiore Braccialini, con l'aggiunta del gonio-stadiometro. Nel 1912 furono costituiti speciali uffici per la difesa costiera presso i comandi di corpo d'armata, al fine di studiare in pace la predisposizione per il servizio di vigilanza e protezione costiera, e in guerra controllarne l'attuazione.

---

[2] ROCCHI 1900, pp. 189-221; ROCCHI 1906, pp. 180,181, 182.
[3] GABRIELE-FRIZ 1982, p. 151.
[4] FRANZOSI 1988, p. 4.
[5] ROCCHI 1909 p. 325.

Nel 1913 fu approvata l'*Istruzione per la difesa delle coste e per la protezione delle ferrovie in guerra*, a cui seguì due anni dopo, una seconda istruzione rimasta in vigore sino al 1930, che regolava la difesa costiera, limitata all'importanza geografico–militare dei tratti di costa o potenziali obiettivi nemici, a cura di Esercito e Marina. Essa prevedeva:
1. «il servizio di vigilanza» al quale concorrevano mezzi aerei, navali e siluranti della Marina e mezzi nautici della Guardia di Finanza, posti semaforici, brigate della Guardia di Finanza e stazioni dei Reali Carabinieri dislocate lungo le coste;
2. «la difesa fissa», affidata ad apposite unità di fanteria di milizia territoriale insieme a tutti gli elementi incaricati del servizio di vigilanza;
3. «la difesa mobile» con mezzi aerei e navali;
4. «una prima linea difensiva e immediati rincalzi» composta da elementi della Guardia di Finanza e della milizia territoriale;
5. «le grandi unità» mobilitate contro gli sbarchi o l'avanzata di importanti masse nemiche sbarcate[6].

Nel frattempo nel 1902 la nuova istruzione per il servizio di artiglieria ,sostituiva quella del 1899, edita a sua voita al posto di quella del 1882. Erano inoltre allo studio varie ipotesi per procedere al riassetto delle due specialità dell'artiglieria da fortezza e da costa, mediante apposita attività addestrative e d'istruzione , che consentissero al personale addetto, di entrare efficacemente in azione in poco tempo, non solo durante le esercitazioni di tiro, ma specialmente in guerra. Il tenente Pappalardo affermava tal proposito nel 1904 che «le batterie da costa, teniamolo presente, avranno se non potranno aprire il fuoco su una squadra attaccante non appena questa si presenterà nella zona battuta dai loro tiri e questo non potrà ottenersi se la mobilitazione completa delle brigate non potrà farsi in poche ore»[7].

Primi anni del Novecento, la Guerra Italo-Turca e la Prima Guerra Mondiale

Nel 1885 e 1887 la gestione delle batterie spettava al R. E. con l'artiglieria da fortezza, che si componeva di 5 reggimenti[8], mentre 10 anni dopo l'ordinamento dell'Esercito disponeva 22 brigate di artiglieria da fortezza e da costa[9].

Nel 1902 la difesa costiera della piazza di Messina, mediante le batterie di obici da 28 cm C, era affida al 3° reggimento artiglieria da costa, con lo Stato Maggiore, il deposito e una brigata (pari a un battaglione o un gruppo di artiglieria) su tre compagnie. L'anno successivo era attiva la scuola di tiro a mare della brigata, e nel settembre dello stesso anno, due compagnie dislocate presso le batterie S. Jachiddu e Pietrazza, effettuarono le esercitazioni di tiro. La mattina del 28 dicembre 1908, il sisma che distrusse Messina e Reggio Calabria, colpì anche molte caserme e reparti. Tra questi il 3° reggimento art. da costa, alloggiato presso la Cittadella, che registrò 26 morti e 9 feriti. In quella stessa occasione essendo perito il maggior generale comandante della 24ª Divisione Militare, il comando fu temporaneamente preso dal maggiore capo di SM, quindi dal colonnello direttore dell'artiglieria, poi dal generale comandante di una brigata accorsa in aiuto, e infine da un tenente generale.

Il 29 settembre 1911 l'Italia dichiarò guerra alla Turchia. Nel frattempo il Ministero della Marina aveva mobilitato la flotta e preparava i mezzi necessari per effettuare il trasporto del corpo di spedizione, ordinando alle piazze di Taranto, Brindisi e alla difesa marittima di Messina di mettersi

---
[6] DELLA VOLPE 1986, pp. 52 sgg.
[7] PAPPALARDO 1904, pp. 209, 210, 215, 219.
[8] SANTI MAZZINI 2007, p.233; *Esercito* 1988, p. 70.
[9] BOCCARDO-PAGLIANI 1899, p. 969.

in assetto di guerra nei riguardi del fronte a mare, e alle altre Piazze e difese costiere di considerarsi in allarme in tempo di pace[10].

La fortezza costiera del Regio Esercito di Messina / Reggio Calabria con relativo Comando Difesa Marittima, fu perciò messa in assetto di guerra. Negli anni 1911, 1912 e 1913 dunque, 15 delle 21 batterie esistenti (Fig. 1), effettuarono i tiri diretti e indiretti effettivi a mare di esercizio, di guerra, con l'armamento secondario e con le mitragliatrici. La gestione delle batterie spettava al 4° reggimento di artiglieria da fortezza costa (Fig. 2).

In totale nei mesi di agosto 1911, luglio 1912, agosto e settembre 1913, le batterie Polveriera, Serra la Croce, Menaia, Ogliastri, Pietrazza, Monte Giulitta, Mangialupi e Monte Gallo sulla sponda sicula; Matiniti Sup., Poggio Pignatelli, Torre Telegrafo, Catona, Arghillà e Pentimele su quella calabra, spararono in totale 692 colpi con l'armamento principale e 261 con quello secondario (cannoni da 87 mm)[11].

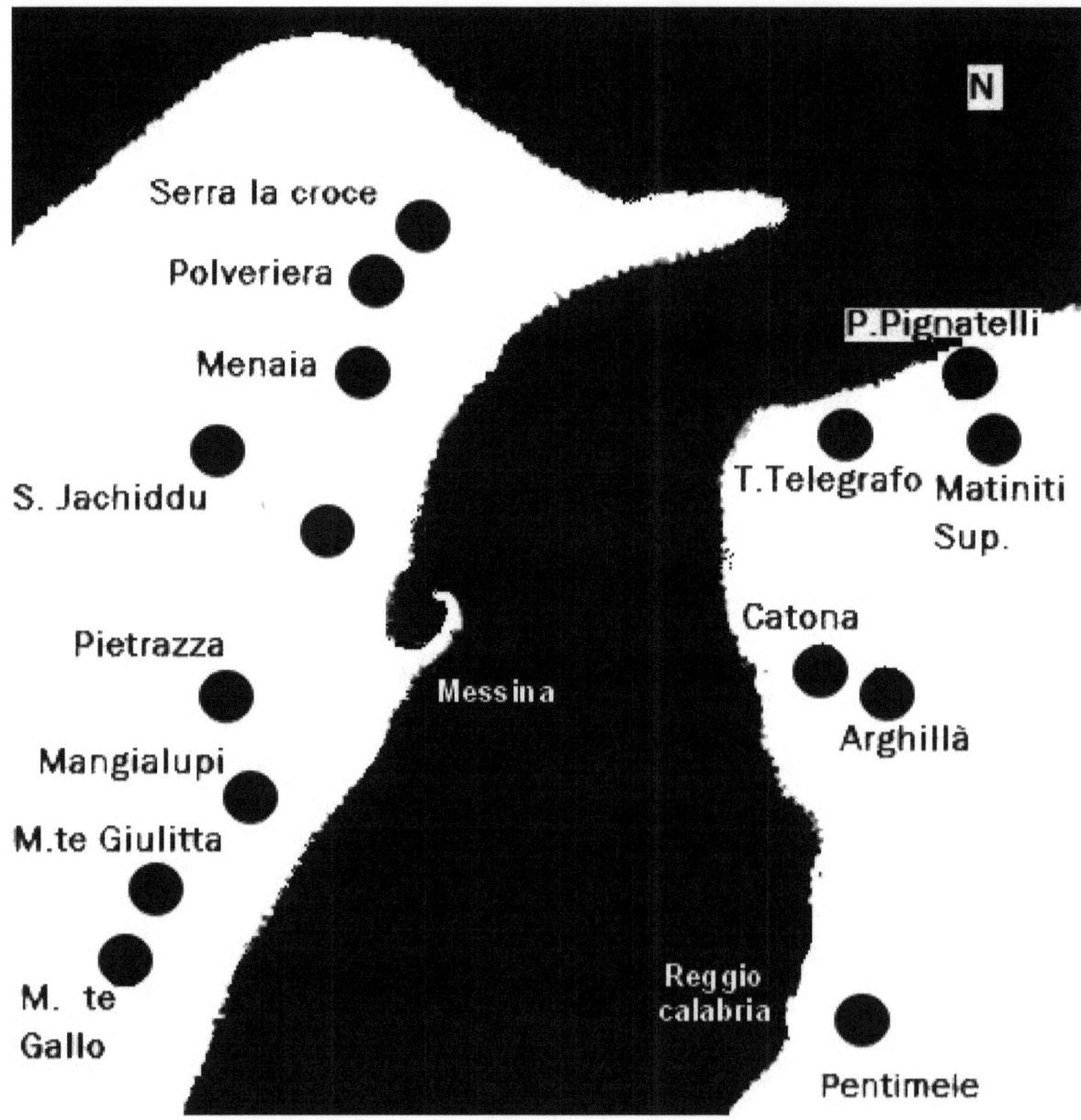

Fig. 1 Mappa delle batterie attive durante le esercitazioni effettuate tra 1911 e il 1913 (elaborazione Donato)

---

[10] COMANDO DEL CORPO DI STATO MAGGIORE 1913, pp. 7-12.
[11] *Memorie 4°artiglieria* 1911, 1912, 1913.

Fig. 2 1. fregio del 4° reggimento artiglieria da costa, ascrivibile al primo quindicennio del Novecento; 2 e 3. medaglia del 3° reggimento artiglieria da costa e medaglia d'oro commemorativa per ufficiale, risalenti ai primi anni Trenta; 4. fregio dell'artiglieria da costa secondo il Regolamento del 1931; 5. fregio di artiglieria di fine Ottocento primi Novecento (collezione Grasso)

La situazione delle difese tra il 1914 e il 1918 non fu migliore rispetto agli anni precedenti, poiché la maggior parte delle fortificazioni costiere era giudicata inaffidabile o inutile[12]. Nel 1914, anno della effettiva preparazione strategica, logistica e tattica in vista della guerra, *l'Ordinamento di pace dell'Esercito Italiano*, stabilito dal *Testo unico delle leggi sull'ordinamento del R. E. e dei servizi dipendenti dall'amministrazione della guerra*, stabiliva 10 reggimenti di artiglieria da fortezza per il servizio delle bocche da fuoco da fortezza, da costa e d'assedio. Messina nel frattempo era sede di una delle 13 Direzioni di artiglieria, e riguardo il servizio del Genio di una delle 11 sottodirezioni, nonché di uno degli 8 uffici fortificazioni autonomi, dipendenti dai comandi

---

[12] *Memorie 4°artiglieria*, pp. 53, 55.

territoriali del Genio[13]. Già in tempo di pace, per la difesa dei confini considerati settori di probabili future penetrazioni nemiche, erano stati contemplati in particolare i forti di sbarramento lungo il confine austriaco, per cui ai colli del Tonale, dello Stelvio, alla Val Giudicaria e D'Adige, al Piano delle Fugazze, alla Valle Leogra, d'Astico, del Brenta, d'Agordo del Boite e dell'Anzeri, facevano da sbarramento i forti dell'Alta Valtellina e Alta Val Camonica, di Rocca Anfo, di Val Lagarina, dell'altipiano dei Sette Comuni ecc.

Riguardo la frontiera orientale invece, le difese erano costituite da una serie di fortificazioni componenti il ridotto Friulano e le fortificazioni del basso Tagliamento. Il primo, occupava l'area compresa tra Venzone.-Ospedaletto sino a S. Daniele, Fagagna e Tricesimo; le fortificazioni del Tagliamento invece si concentravano a Codroipo e Latisana. Nello stesso anno l'organizzazione difensiva nazionale, poggiava su un assetto comprendente la difesa del confine terrestre mediante:
1. I forti di sbarramento, dislocati lungo i confini francese e austriaco ed aventi il compito di: 1) aumentare le difficoltà naturali che si opponevano all'invasione nemica del territorio, intercettando le comunicazioni importanti o le strette attraverso il confine le fortezze interne; 2) assicurare tutto il tempo necessario alla mobilitazione e radunata; 3) preparare e consentire libertà di manovra per l'esercito, ponendo in sua piena facoltà la scelta del momento e della direzione per la controffesa.
2. Le fortezze interne (come Mestre, Verona, Peschiera, Mantova, Roma, Piacenza), aventi lo scopo di: 1) fornire all'esercito punti di appoggio favorendo l'impiego delle truppe mobili durante lo svolgimento delle operazioni guerresche; 2) rinforzare le linee di difesa naturali più atte ad impedire l'avanzata dell'avversario; 3) proteggere punti di speciale importanza politica e strategica, o di garantire il possesso di depositi e centri di rifornimento importanti ed interessanti l'esercito di campagna; 4) assicurare con la costruzione di teste di ponte la libertà di manovra sulle due rive di un fiume.
3. Le fortezze costiere di Vado, Genova, Spezia, Elba, M. Argentario e Talamone, Gaeta, Brindisi, Venezia, Taranto, Ancona, Maddalena, Messina, Reggio Calabria. Aventi lo scopo di: 1) opporsi a sbarchi dell'avversario nelle località di più facile approdo o vicino a centri abitati di particolare importanza; 2) fornire alla flotta punti di appoggio e di momentaneo rifugio; 3) di costituire basi navali di operazioni; 4) assicurare il possesso di uno stretto[14].

Gli scopi della fortezza costiera di Messina / Reggio Calabria si rifacevano ai punti 3 e 4. Tuttavia le opere costiere, edificate in massima parte oltre vent'anni prima dello scoppio della Grande Guerra, erano vetuste sia come concezione costruttiva che tipologia di armamenti.

Nel maggio 1915 l'Italia entrò in guerra contro l'Austria-Ungheria (Fig. 3). L'art. 243 del Codice Penale di Guerra per l'Esercito, recita «Lo stato di guerra e la cessazione di esso saranno dichiarati con Decreto Reale». Il paragrafo 369, *Stato di guerra*, del *Regolamento sul servizio in guerra* indica che «Lo stato di guerra comincia con la dichiarazione di guerra»[15]. Inoltre il Regio Decreto 20 maggio 1915, n. 795, concedeva pieni poteri ai comandanti delle piazzeforti marittime e delle fortezze costiere, indicando che:

> I comandanti militari delle piazzeforti marittime di Spezia, Maddalena, Taranto, Brindisi e Venezia ed i comandanti militari delle fortezze costiere di Altare-Vado, Monte Argentario, Gaeta e Messina accentrano in sé tutti i poteri civili e militari e sono loro accordate le più ampie facoltà per porre le dette piazze, nei limiti costieri fissati dal decreto 14 marzo 1915 del Nostro ministro della marina, in istato di difesa e di resistenza[16]

---

[13] FRERI-BESSONE 1914, pp.131,136, 255, 261.
[14] FRERI-BESSONE 1914, pp.324-330.
[15] Così come prescritto dal *Regolamento sul Servizio di Guerra*, Paragrafo n 369, Stato di Guerra, art. 243 in *Codice Penale di Guerra per l'Esercito* 1916, pp. 151, 152.
[16] «Gazzetta Ufficiale» 8 giugno 1915 n. 114, p. 3545; *Raccolta Ufficiale delle Leggi e dei Decreti* 1915, p. 2524.

Con tale decreto si trasferivano preventivamente pieni poteri ai comandanti di piazze e fortezze, i quali sostituendosi alle autorità amministrative civili, assumevano il controllo del territorio di competenza, potendo tra l'altro dichiarare a discrezione lo stato di difesa o resistenza; da considerarsi a sua volta un complesso di attività di normale mobilitazione per una qualsiasi piazza o fortezza in stato di guerra.[17]

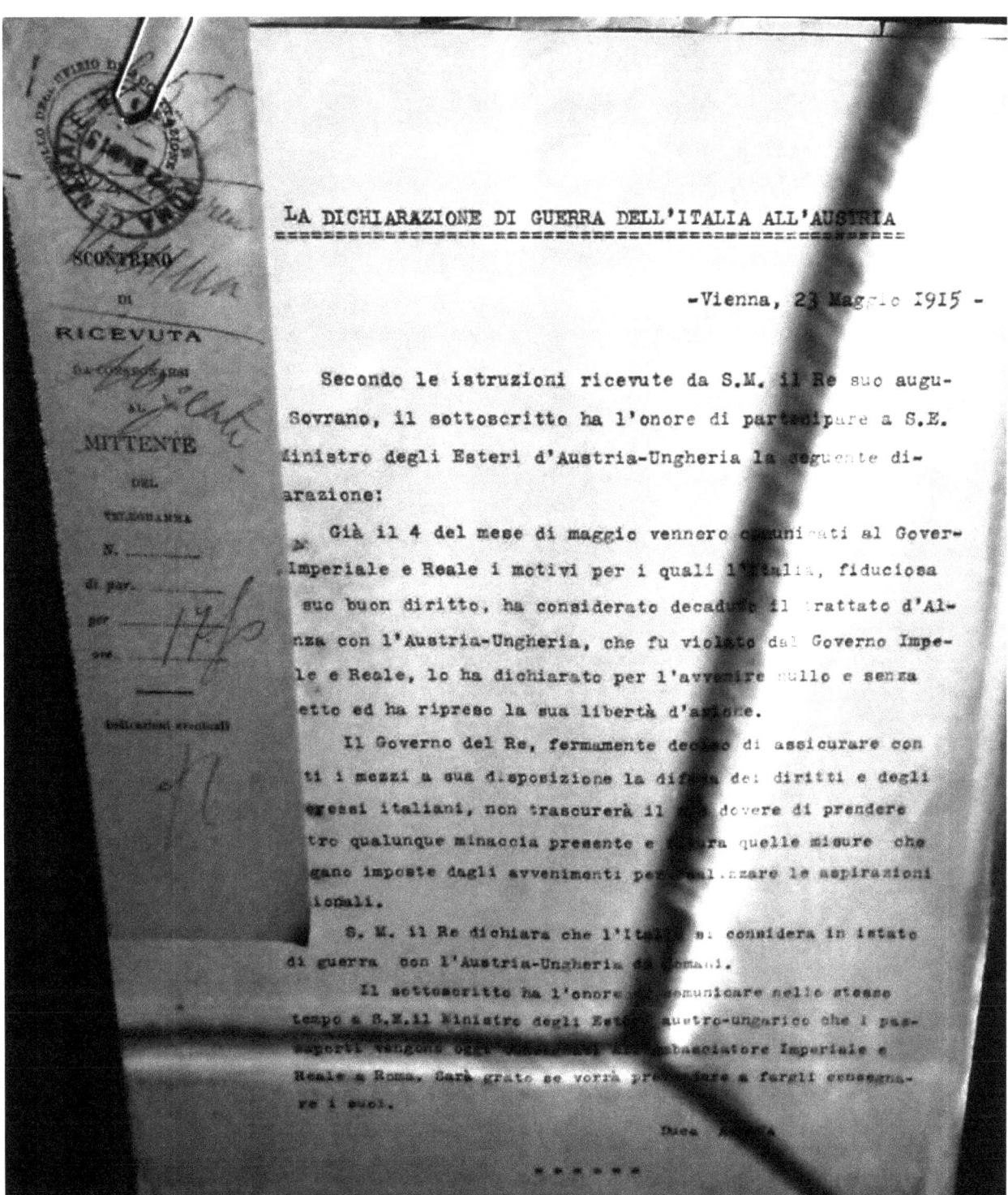

Fig. 3 La dichiarazione di guerra dell'Italia all'Austria-Ungheria (dalla mostra *La prima guerra mondiale 1914-1918. Materiali e fonti-Teatri di guerra*, Roma 2014)

---

[17] *Legislazione penale militare* 1918, pp. 209-211.

Tuttavia l'area dello Stretto non ebbe mai un peso determinante nell'ambito bellico, né fu teatro di eventi di significativa importanza o zona di guerra[18]. Già nel 1915 alcune piazze furono quasi del tutto disarmate per supplire alla carenza del Regio Esercito di artiglierie pesanti, indispensabili per battere le fortificazioni austroungariche sul fronte (Fig. 4). Tra queste Messina che cedette 4 obici da 305 mm (della nuova batteria ad alto parapetto a puntamento indiretto, ubicata sulla sponda calabra), 8 obici da 280 mm, 12 cannoni da 149 mm, 6 cannoni da 57 mm e tutte le mitragliatrici modello 86. Dunque, delle 21 batterie edificate a fine Ottocento più una eretta poco prima della guerra, molte erano evidentemente già disarmate da tempo e nel 1915 ne rimasero attive soltanto 4 per un totale di 22 obici da 280 mm[19]. La piazza fu dunque depotenziata, in controtendenza anche con quanto affermato già un decennio prima dal colonnello Rocchi, il quale sostenendo la sussidiarietà delle batterie di obici delle piazze rispetto ai cannoni, stabiliva che la minore probabilità di colpire, dovesse essere compensata dal posizionamento di un elevato numero di obici[20].

Inoltre dal 1915 al 1917, nell'area dello Stretto non si registrarono attacchi aerei, navali, sbarchi e azioni nemiche terrestri di alcun genere. Eloquente la testimonianza di un ufficiale di artiglieria da costa in servizio presso la batteria Menaia, nel periodo compreso tra il 1915 e il 1916. Egli recita testualmente: «Son sempre qui in eremitaggio alla batteria di Menaia e passo le giornate alle solite istruzioni, puntando ogni giorno gli obici sugli innocui ferry boats, in attesa che mi mandino a puntarli sugli austriaci».[21] Messina era luogo di passaggio e d'istruzione per gli artiglieri in attesa di essere inviati al fronte, nonché destinazione di «disfattisti» [22], contrari alla causa bellica sabauda e quindi relegati in zone tranquille, lontane dai fronti.

Il Decreto Luogotenenziale 21 dicembre 1916 n 1862, all'art. 1 stabiliva «i limiti della giurisdizione della Difesa marittima di Messina a tutto il litorale della Sicilia, le isole adiacenti e quel tratto di costa calabra compreso tra la foce del vallone della Covala alla foce della Fiumara di Vallanidi». L'art 2 invece dichiarava testualmente «Ai soli effetti dell'amministrazione della giustizia penale militare, il territorio posto sotto la giurisdizione delle Difese marittime di Gaeta e di Messina e del Comando militare marittimo di Brindisi, fa parte del Dipartimento marittimo di Napoli».

Solo nell'ultimo anno di conflitto, tra il 1917 e il 1918[23] nello specchio d'acqua interno ed esterno non troppo lontano dallo Stretto, si registrarono nella impotenza delle poche batterie costiere da 280 mm attive, alcuni siluramenti di navi di vario tipo e nazionalità, che transitavano su specifiche rotte gestite dall'apposito Comando Difesa Traffico[24]. Gli affondamenti avvennero per opera dei sommergibili austroungarici U 4 e U 28 e tedeschi gli U 64, UC 25, 38, 52, 53, 63, 64[25], che agivano in base alla guerra sottomarina indiscriminata, ripresa nel 1917 (Fig. 5). Si consideri che solo i sommergibili tedeschi, dal 1914 al 1918 affondarono in totale 11.153.000 tonnellate di stazza

---

[18] A doverosa smentita di quanto riportato nel testo CARUSO 2008 circa l'area dello Stretto di Messina definita quale «teatro di guerra, potenziale obiettivo strategico nel Mediterraneo», nonché addirittura scenario di eventi tali da poter essere «considerata città coinvolta appieno nel dramma di quegli anni». Lo stesso vale per le notizie diffuse per mezzo di quotidiani, interviste, mostre e manifestazioni locali ufficiali, in occasione il centenario della Grande Guerra.
[19] CLERICI 1996, p. 10.
[20] ROCCHI 1909, p. 12.
[21] GENTILE-OMODEO 1974, p. 174.
[22] Come per esempio Giacomo Matteotti.
[23] I primi due affondamenti nelle acque esterne allo Stretto, risalgono al settembre e al novembre del 1916, a 17 miglia sudovest di Capo Rizzuto (KR) e a 15 miglia da Capo Spartivento (RC), a cura dei sommergibili austroungarico U 4 e tedesco UC 38. Nel gennaio del 1919 invece, a seguito dell'urto contro una mina tedesca posata in guerra, affondò nello Stretto una nave passeggeri.
[24] *Traffico marittimo* 1932, pp.79, 103,199.
[25] TENNENT 2006, pp. 15, 28, 32,7 5, 96, 104, 138, 139, 161, 200, 209, 211.

lorda di navi mercantili, di cui 7.850.000 britanniche, 853.000 italiane, 907.000 francesi, 389.000 americane e 1.174.000 di altre nazionalità[26].

Il 14 settembre del 1917 lo stato di guerra per la Fortezza costiera di Messina / Reggio C., fu con Regio Decreto n 1511, esteso anche ai Comuni del Circondario di Messina e Reggio. Il decreto dichiarava testualmente: «A decorrere dal giorno successivo a quello della pubblicazione del presente decreto è dichiarato in stato di guerra il territorio dei Comuni dei Circondari di Messina e di Reggio Calabria»[27]. Per Circondario si intendeva l'ente amministrativo territorialmente intermedio tra la il mandamento e la provincia. Si trattava dunque, stante lo stato di guerra generale del 1915, di un ampliamento dei poteri militari, estesi dal territorio specifico della piazzaforte a quello dei Comuni indicati.

Verosimilmente era una ulteriore misura di sicurezza, adottata anche in altre piazze e fortezze marittime, che si sovrapponeva per motivi di disciplina e giustizia militare, al già esistente stato di guerra generale del 1915 e gli altri provvedimenti dello stesso anno. Ciò avveniva in un momento molto delicato, che vedeva sul fronte marittimo i costanti attacchi sottomarini al traffico commerciale e militare nel mediterraneo, e su quello terrestre le vicende relative alla undicesima e dodicesima battaglia dell'Isonzo, meglio conosciuta come battaglia di Caporetto (Fig. 6). Col Regio Decreto 29 dicembre 1918 n 1981, lo stato di guerra per i territori dei circondari di Messina e Reggio Calabria, cessò il primo gennaio 1919.

Fig. 4 Ufficiale di artiglieria posa accanto a un mortaio da 280 mm, trasferito al fronte presso il Vallone sul Carso (foto Museo Centrale del Risorgimento)

---

[26] GIORGERINI 2006, p.57.
[27] «Gazzetta Ufficiale» 27 settembre 1917, n.228, p. 4077.

Fig. 5 Carta geografica raffigurante le attività sottomarine austriache nel Mediterraneo (foto Museo Centrale del Risorgimento)

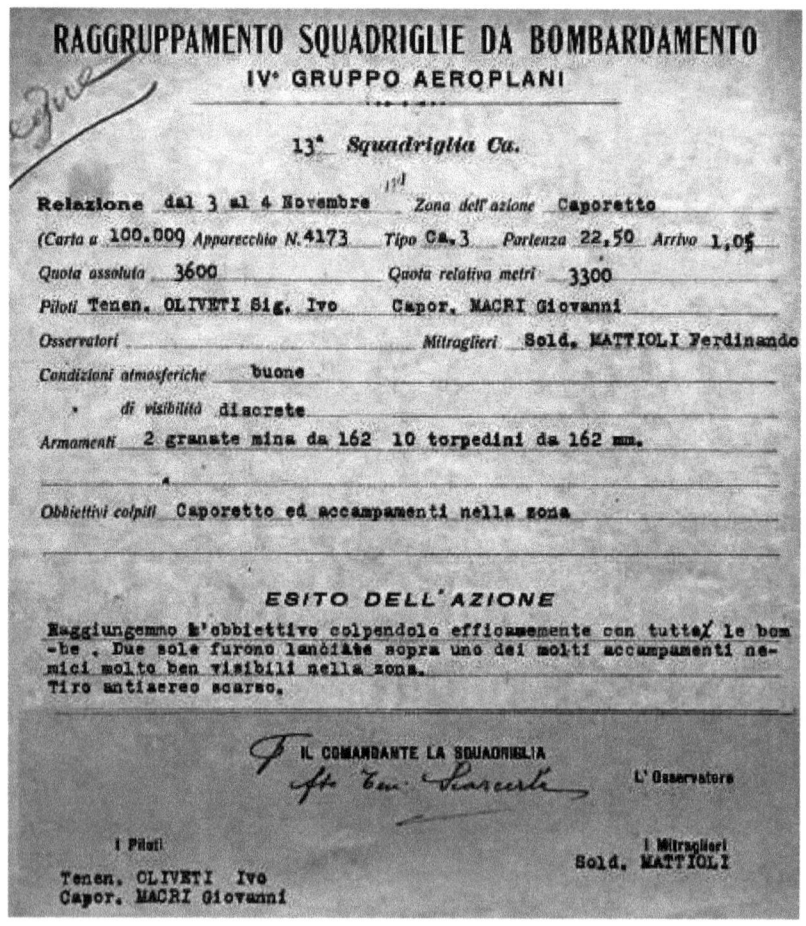

Fig. 6 Rapporto di un attacco aereo italiano effettuato sul fronte di Caporetto (foto Archivio Ufficio Storico Aeronautica Militare)

CAPITOLO 4

Gli anni fra le due guerre mondiali

Il riesame dell'organizzazione della difesa costiera

Dopo la fine della Grande Guerra lo Stato Maggiore dell'Esercito ribadì l'ulteriore inefficacia delle batterie rispetto agli anni precedenti, ritenendo opportuna la sostituzione delle fortificazioni permanenti con quelle di tipo campale e la riduzione e l'adattamento delle vecchie opere alle offese aeree. Intanto lo sviluppo dei mezzi e l'affermazione dell'aereo, imposero il riesame dell'organizzazione della difesa costiera. Nel 1919 furono eseguiti appositi studi per il nuovo assetto difensivo delle coste, a cura di una commissione mista Esercito-Marina.

Tuttavia vi erano varie divergenze e differenti vedute. L'Esercito concepiva la difesa delle coste affidata al naviglio sottile e agli aerei, mezzi di rapida costruzione, di basso costo e più efficaci rispetto alle statiche fortificazioni armate con grossi calibri, e delle grandi e costose corazzate, vulnerabili agli attacchi dei sommergibili e aerei. Inoltre le artiglierie dovevano essere di medio – piccolo calibro per la difesa ravvicinata della basi navali e delle coste. In tal contesto nel 1920, la piazza di Messina risultava difesa da artiglierie di vario calibro e negli anni 1921 e 1922 era di stanza il 4° reggimento artiglieria da fortezza costa, con un gruppo su quattro batterie (Fig. 1).

Fig. 1 Messina. Anni Venti-Trenta del Novecento. La batteria Serra la Croce con i quattro obici da 28 C in posizione. Sullo sfondo uno dei due casotti telemetrici, e accanto il pilastro sul quale è installato il sistema parafulmine a spandente (foto collezione Riccobono)

La Marina invece sosteneva che fosse fondamentale il dominio del mare mediante navi imponenti, mentre la difesa delle coste era da affidare, ad eccezione delle basi navali, all'Esercito con relative artiglierie di medio - grosso calibro disposte in modo continuativo; e alle forze terrestri integrate dall'aviazione e dal naviglio sottile. Nel 1920 la Commissione mista decise di: aumentare il numero delle basi per aerei e siluranti, in aggiunta alle 8 basi navali già esistenti; proteggere dalle offese non solo i centri industriali ma anche le principali città costiere non coincidenti con essi; escludere la difesa a cordone, intesa come inutile diluizione delle forze. Si definirono inoltre le zone, oltre alle basi navali, da proteggere dalle offese dal mare e da dividere in base all'importanza industriale / demografica, e zone di probabile sbarco. Inoltre si stabilirono gli elementi costitutivi della difesa costiera e la ripartizione tra i compiti tra Esercito e Marina; ponendo allo studio la sistemazione delle fronti a terra delle piazze marittime e l'organizzazione complessiva di ciascuna piazza o zona costiera, contemplando anche la sostituzione della fortificazione permanente con quella campale.

Intanto il Ministero della Guerra tramite un promemoria, stabiliva che la difesa costiera lontana fosse affidata al naviglio sottile e aereo, mentre la difesa vicina alle truppe mobili, alle artiglierie e alle fortificazioni. Si riconosceva il diminuito valore delle corazzate e fortificazioni come erano intese prima della Grande Guerra, nonché l'importanza assunta dal naviglio leggero e dall'aereo.
L'armamento doveva essere composto da artiglierie di piccolo - medio utili alla difesa vicina, mentre le fortificazioni permanenti erano come detto da sostituire con quelle campali.
Era inoltre necessario adattare le vecchie fortificazioni soprattutto per le offese aeree, ridurre i grossi calibri e mantenere le fronti a terra solo nelle piazze prossime ai confini.

La Marina considerava di:
1. dare il massimo sviluppo alle artiglierie per la difesa delle basi navali e delle coste, armando in modo continuativo i tratti di costa intermedi tra le basi;
2. armare lungo le coste medi e piccoli calibri, nelle basi i grossi calibri in torri corazzate, ritenendo però inefficaci tutte le artiglierie a tiro curvo contronavi;
3. assegnare il fronte a mare alla difesa della Marina e il fronte a terra all'Esercito;
4. ottenere in massima parte dall'Esercito i mezzi aerei per la difesa costiera.

Inoltre per la difesa costiera soggetta alle offese dal mare da parte delle artiglierie delle grosse navi e dai medi e piccoli calibri del naviglio sottile; si ritennero necessarie solo artiglierie mobili di medio calibro, in quanto meglio protette e meno soggette all'offesa e all'osservazione aerea, utile anche per facilitare e perfezionare il tiro nemico dal mare. Riguardo la difesa contraerea invece, furono mantenute le disposizioni adottate durante la Grande Guerra.

Nel 1921 l'Ufficio Operazioni dello Stato Maggiore approntò un promemoria che contemplava 8 basi marittime, 15 zone industriali e demografiche, 12 zone di probabile sbarco e gli elementi di difesa fissi e mobili disponibili. L'anno successivo fu redatto uno *Studio della difesa fissa* e nel 1924 la Commissione chiuse i lavori presentando le *Conclusioni circa gli elementi della difesa fissa e le batterie di medio e grosso calibro, da conservare e sistemare per la difesa del tirreno e dei bacini adriatico e jonico*; includendo la base di Messina tra le zone da fortificare.

Lo stesso anno fu istituito il Consiglio dell'Esercito per la sistemazione difensiva del territorio dello Stato e sulla organizzazione della difesa nazionale; senza tuttavia raggiungere alcuna soluzione concreta. Le divergenze di vedute rimasero tali e nella riunione 1925 il generale di corpo d'armata Grazioli, Sotto capo di SM dichiarava:

> Sembra fuori discussione che la protezione indiretta a largo sia di esclusiva competenza delle forze navali e quindi della Marina; e che la protezione contro nemico già sbarcato sia di competenza dell'Esercito.
> Nella difesa diretta delle coste, invece, la promiscuità degli elementi che si concorrono e la diversa funzione dei vari tratti di costa, determinano l'attuale incertezza nella ripartizione dei compiti delle responsabilità.
> Risolvere questi elementi di incertezza con opportuni accordi è appunto lo scopo essenziale delle future riunioni.

Gli elementi della difesa diretta delle coste sono:
a) difese marittime mobili (siluranti e sommergibili costieri);
b) difese marittime fisse (costruzioni, sbarramenti, batterie lanciasiluri);
c) organi di avvistamento e di collegamento;
d) batterie costiere fisse e mobili;
e) reparti di protezione (difesa fissa territoriale fissa e mobile);
f) difesa contraerea.

Il sistema di tali mezzi può essere considerato sotto i punti di vista organico e di impiego.

Dal punto di vista organico sembra che gli elementi a, b, c, debbano venir costruiti dalla Marina; per gli elementi d, e, invece considerazioni di ordine vario farebbero propendere ad affidarne la costituzione all'Esercito; eccetto le batterie antisiluranti e di passo che, per ragioni di impiego, converrebbe affidare alla Marina.

Quanto agli organi della difesa contraerea, la loro costituzione potrebbe essere regolata in base alla preminenza di interessi. Il problema delle dipendenze di impiego non è vincolato a quello organico; elementi costituiti dall'Esercito possono venir messi alle dipendenze di autorità della Marina e viceversa. In linea generale si può osservare:

- Vi sono ragioni nelle quali l'Esercito ha interesse preminente a difendere anche le coste; in tali regioni verranno dislocate grandi unità fin dall'inizio del conflitto. La difesa costiera di tali regioni dovrebbe essere posta sotto il comando di autorità dell'Esercito, che avrebbero portato alle loro dipendenze tutti i mezzi terrestri e marittimi locali, destinati a tale funzione di difesa;
- In altre regioni, ad esempio basi navali, la Marina ha interesse preminente: in esse il comando spetta alla Marina, la quale ha alla propria dipendenza anche i mezzi terrestri occorrenti;
- Vi sono poi estesi tratti di costa, in genera di minore importanza, per i quali mancano elementi certi che consentano di determinare a priori la preminenza degli interessi dell'uno e dell'altro ente, e quindi per stabilire se la loro difesa debba essere affidata all'Esercito o alla Marina.

Lo scambio di vedute, per il prossimo ottobre, dovrà fissarsi in particolar modo su queste premesse e tradurle in una ripartizione completa delle grandi zone o regioni costiere; ripartizione che naturalmente non avrà carattere rigido, non potendosi escludere che, in date eventualità di guerra, il comando di certe zone costiere possa venire trasferito dall'uno all'altro ente. Occorrerà poi assicurare l'unità di indirizzo della difesa costiera ed il coordinamento degli interessi e dei mezzi: sembra che ciò possa attenersi mediante direttive uniche concordate tra i due Stati Maggiori, e mediante una opportuna costituzione dei comandi costieri.

Il Capo di SM della Marina, contrammiraglio Cantù replicava:

Restando inteso che l'applicazione di questo concetto deve intendersi assoluta, e che perciò le zone nelle quali il comando è devoluto all'Esercito, la Marina metterà agli ordini diretti del comando dell'Esercito tutte le organizzazioni fisse che ha nella zona considerata, compreso l'uso dei mezzi mobili sussidiari (rimorchiatori, dragamine, piccoli mezzi di trasporti), connessi alla protezione ravvicinata; ma escluso quanto a carattere di maggiore mobilità e impiego guerresco; essendo assolutamente necessario che l'impiego di questi ultimi mezzi sia regolato e diretto da quello stesso comando navale dal quale dipende l'impiego delle altre forze navali.

Le unità navali non dovranno perciò mai essere vincolate alle organizzazioni costiere, ma appoggiarsi esclusivamente alle piazze marittime e basi navali; e da queste irradiarsi per assolvere i loro compiti sia di alture che eventualmente costieri.

Ammesso il concetto della preminenza di interessi, la Marina dichiara di avere questa preminenza a Spezia, Maddalena, Cagliari, Elba, Messina, Augusta, Trapani, Taranto, Venezia, Pola. Per tutte le rimanenti località ritiene chiede che il comando continui a rimanere all'Esercito. Nelle piazze marittime e basi navali la Marina propone che la ripartizione delle batterie sia fatta al connetto di lasciare all'Esercito, come del resto è già quasi in atto dappertutto, le batterie di obici e quelle di grosso calibro, e alla Marina le batterie di medio calibro e antisiluranti e anche dei passi. Anche i treni armati potrebbero essere ceduti alla Esercito[1].

In tale contesto storico si inserisce lo scritto del 1927 a cura di Silvio Salza. Periodo delicato poiché in piena fase di riassetto organico e di riforma delle Forze Armate, nonché di transizione, ovvero intermedio tra la fine del primo conflitto mondiale e l'inizio del secondo; nel quale tutte le esperienze belliche maturate, furono massimizzate per giungere a moderne ed efficienti soluzioni di carattere sia offensivo e difensivo, anche in previsione di futuri eventi bellici e conflitti. Il Salza seppur in sintesi, pone in maniera competente tutta una serie di questioni di natura strategica e tattica, evidenziando problematiche anche organizzative ed economiche. In base a deduzioni tecniche, alle esperienze maturate e ai regolamenti vigenti al tempo, egli tenta di dare delle soluzioni pratiche, cercando spesso in maniera anche profetica, circa le mancanze e le carenze, di

---
[1] DELLA VOLPE 1986. pp. 52, 53, 54, 58, 59, 60, 61, 254-276.

risolvere il nodo dell'organizzazione delle competenze e delle modalità di intervento nella difesa costiera[2]. Scriveva il Salza:

> Le opinioni in tema di difesa delle coste, oscillano volentieri fra due concezioni opposte. L'una di queste prende, per dirla con parole spesso usate in Inghilterra, come propria frontiera marittima le coste del nemico; vuole cioè affidare la difesa delle coste nazionali quasi esclusivamente alla flotta con ardito concetto offensivo. L'altra tendenza si ispira a concetti puramente difensivi, si propone cioè la difesa del proprio territorio con un cordone di opere sparse lungo il litorale.
> Naturalmente ciascuna delle due tendenze, trova di volta in volta, incoraggiamento nelle particolari condizioni geografiche dei paesi in questione ed anche in quella del materiale guerresco in generale, più ancora che nel fattore economico, sebbene , in periodo di transizione, anche questo assuma spesso non piccola importanza. La giusta verità sta probabilmente nella questione che ci interessa, come in mille cose della vita, nel mezzo tra le due opposte concezioni Ma giova porre subito bene in chiaro che l'attenersi a criteri puramente difensivi non soltanto non è militarmente giustificabile, ma non è affatto economico. Non scenderò ai particolari, ma ricorderò semplicemente alcune cifre spigolate in vari tempi e in varie condizioni; cifre che mi sembrano così eloquenti da giustificar senz'altro l'affermazione che una difesa passiva delle coste non è in modo alcuno accettabile. Ricordiamo le innumerevoli torri di vedetta e di difesa delle nostre coste contro i Saraceni e la immunità di costoro e dei loro successori nei nostri mari, più o meno assoluta, fino all'inizio del secolo scorso. Ricordiamo che in Francia nel 1810 si ebbero per la difesa delle coste, 906 batterie con 3648 cannoni, 13000 artiglieri oltre le milizie guardacoste di carattere locale. Ancora in Francia, si avevano nel 1859, contro 500 opere previste fin dal 1841, soltanto 32 opere armate con 680 cannoni (di cui 462 della marina) contro 3814 previsti. Noi stessi armammo nel corso della passata guerra col nome di posti di rifugio contro i soli sommergibili, ben 264 batterie immobilizzandovi circa 6000 uomini, con un effetto minimo L'opera di contrasto contro i sommergibili assorbì, ed in gran parte nelle acque costiere, navi e personale nelle proporzioni di 10 navi e 100 uomini per sommergibile. E sempre in acqua che possiamo definire tutte costiere, si impiegarono le mine in quantità colossali. Oltre 45000 mine furono poste in opera dai tedeschi: di esse oltre 1000 furono dragate sulle coste inglesi e altre 35000 consegnate dai tedeschi dopo l'armistizio. Occorsero oltre 3000 mine al mese per solo mantenimento in efficienza degli sbarramenti inglesi del mar del nord. Si adoperarono oltre 70000 mine per il grande sbarramento alleato del mar del nord ,di cui buona parte americane. Oltre 100000 furono le mine costiere in America durante la guerra. E occorrono i relativi magazzini e ben arredati. Aggiungo che qualche modello di mina, costa oggi fino a 25000 lire e mi pare sia il caso di illustrare ulteriormente quanto costerebbe uno scaglionamento di navi di qualsiasi tipo costruite soltanto per obiettivi costieri. Entriamo ora nel vivo della questione, e cominciamo dall'analizzare quale sia stata l'influenza della guerra nella formazione delle idee attuali sulla difesa costiera. E' fatale vicenda che, perfezionati i mezzi per raggiunger uno scopo e ottenutolo quindi con relativa facilità, l'uno rivolga la sua attenzione a scopi più difficili e cerchi in un primo tempo di pervenirvi con un migliore uso dei mezzi in suo possesso, riconosciuti esuberanti ai più limitati fini iniziali, senza tentare un ulteriore perfezionamento dei mezzi. Ma è pure naturale che quanto meno estesi sono tali tentativi e quanto maggiori sono le possibilità di perfezionare questi stessi mezzi, tanto maggior sia l'incertezza sulla via da battere. Noi attraversiamo uno dei maggiori periodi di incertezza: occorre non svalutare troppo i mezzi del passato, non sopravvalutare troppo quelli più recenti. Occorre, in una parola, essere ad un tempo futuristi e previdenti, ma pure andare cauti nel campo delle possibili ripercussioni internazionali dei modi di impiego delle armi, perché non possiamo oggi astrarre completamente dall'opinione pubblica mondiale come l'esperienza recente, particolarmente quella dei tedeschi nella guerra a oltranza al traffico coi sommergibili, chiaramente ammonisce. Le armi di cui in base all'esperienza di guerra può dirsi oggi più profonda l'influenza sulla difesa delle coste, sono indubbiamente: il sommergibile e la mina; il velivolo in tutte le sue funzioni. Il sommergibile esplica la sua influenza coll'esplosione occulta, colla posa di torpedini, coll'agguato pel lancio di siluro. Si trattiene là dove non potrebbe sostare la nave di superficie senz'essere scoperta e quindi attaccata; obbliga perciò ad una estensione dei campi minati ancorati a protezione delle coste in generale e delle piazze forti marittime in particolare, ed obbliga anche alla sorveglianza continua e alla protezione dei campi minati. E ciò perché soltanto la presenza di unità di superficie od aeree o l'azione di apposite batterie, può costringere il sommergibile ad immergersi e rendere efficace la difesa con le mine. Infine il sommergibile come posamine obbliga a proteggere le unità in arrivo o partenza non solo dall'attacco col siluro, ma anche dall'insidia delle mine deposte in piena segretezza e obbliga quindi all'uso di speciali unità di dragaggio per garantire le rotte di sicurezza. In breve l'opera del sommergibile ha una diretta e immediata ripercussione sulle esigenze della difesa costiera, accrescendo in larga misura il fabbisogno di armi e mezzi navali per la difesa. Ancora: sommergibile e mine rendono più difficile la concezione e l'esecuzione di operazioni di sbarco in grande stile, il rifornimento per mare di forze operanti su territorio nemico. E ciò equivale a dire che i progressi delle armi navali, rendono poco probabile la invasione marittima e hanno assunto una importanza dominante nella protezione contro sbarchi di sorpresa. Questi mezzi navali si giovano per vero largamente dell'opera del velivolo nella difesa, ma il velivolo a

---

[2] Per la difesa delle coste, già in quegli anni erano anche in fase di studio e realizzazione i primi impianti radiolocalizzatori, utili alla scoperta di aerei e navi a grande distanza.

sua volta può integrare o sostituire i mezzi di offesa alle coste. In conclusione i mezzi navali associati agli aerei, assumono parte preponderante nell'offesa e nella difesa costiera e crescono gli oneri e le responsabilità della marina difesa delle coste. Ma naturalmente la distesa e la configurazione delle coste, la estensione e la natura delle frontiere terrestri, intervengono largamente a determinare le proporzioni dei mezzi da usare. Uno stato insulare (Inghilterra) ed anche uno continentale, ma separato da altri stati militarmente potenti dall'oceano o a larga distesa di mare (Stati Uniti), devono naturalmente concedere entrambi all'apparecchio marittimo una forte preponderanza, in confronto ad altri stati che hanno anche frontiere terrestri. La distanza che separa gli Stai Uniti da ogni eventuale nemico di qualche importanza, assume inoltre un valore tale che essi possono praticamente ritenersi al sicuro dalla minaccia aerea, almeno sotto forma così intensa e così rapida come può concepirsi per l'Inghilterra da parte di stati vicini. In caso l'Inghilterra è anzi tipico nei riguardi dell'avvento e dello sviluppo dei mezzi aerei. Essi hanno considerevolmente ridotte le possibilità di applicazione dell'antico concetto inglese già ricordato: le frontiere marittime sono le coxe del nemico, ed è facile che la parte assunta dall'aeronautica nella difesa costiera, assuma nel caso dell'Inghilterra, una parte notevolissima. Per quando ci riguarda, la guerra ci ha dato quasi ovunque confini terrestri naturali e naturalmente unitissimi, di difesa assai più facile che non gli antichi. Per contro, a ragione della mutata situazione politica, difficilmente si potrà avere la certezza di dover provvedere in mare soltanto al Tirreno o all'Adriatico. E in altri termini aggravano sensibilmente non solo il compito generale della marina, ma anche l'onere generico della difesa delle coste. E ciò pur tacendo dei peggiori pericoli, fatalmente comporta un crescente prestigio internazionale. Con coste estesissime, non solo dobbiamo provvedere ad una difesa dei confini terrestri, ma anche siano singolarmente esposti alle offese aeree perché da oriente, breve spazio di mare separa le due opposte sponde dell'Adriatico (non nostre entrambe), e perché da ponente il possesso della Corsica offre alla Francia un potente baluardo avanzato per l'offesa e la difesa per le vie dell'aria. La nostra posizione può dunque ragguagliarsi sotto questo aspetto, a quello dell'Inghilterra, ma con l'aggravante che le facilità di offesa sono più che raddoppiate (per la posizione centrale della Corsica rispetto all'Alto Tirreno) e che occorre provvedere contemporaneamente alla difesa per terra e allo sbarco di sorpresa, che può essere soltanto sia in prossimità dei due confini terrestri, orientale e occidentale, sia, e più minaccioso, attraverso le isole dell'arcipelago toscano, sia infine anche in qualche isola maggiore. L'Elba e l'arcipelago toscano, permettono anche se non si voglia parlare di sbarco nella penisola, di concepire il sorgere di gravi minacce alle nostri comunicazioni in senso al nostro stesso bacino tirrenico. Per l'Italia il problema della difesa costiera, è sotto un certo aspetto anche quello della difesa dell'aria, in quanto l'offesa aerea ci verrà in massima parte dal mare, ed è dunque un carattere per eccellenza marittimo. Quanto si è sommariamente riassunto sull'evoluzione dei mezzi di guerra, permette di affermare ancora che l'offesa alle coste avrà nel prossimo futuro come caratteristica la sorpresa e la violenza dell'attacco immediato alla stessa apertura delle ostilità. Anche sotto questo aspetto le condizioni della difesa sono mutate rispetto all'anteguerra, così per gli eserciti come per le marine, soprattutto per le ristrettezze economiche in cui si dibatte la maggior parte degli stati. L'esercito a piccoli effettivi permanenti, ha bisogno di un più lungo periodo di raccoglimento per assumere tutto lo sviluppo che se ne deve attendere. Scoppiate le ostilità cresce dunque per l'esercito la naturale tendenza del passato a disinteressarsi, salvo casi speciali della difesa delle coste. La marina ha dovuto relativamente ridurre i suoi effettivi ed è anch'essa nella condizioni di non poter contare su un nerbo veramente efficiente di forze soprattutto ausiliarie e di seconda linea, specialmente utili nella difesa costiera se non dopo un periodo di mobilitazione delle riserve. Sono così peggiorate le condizioni della marina per ciò che riguarda l'approntamento della difesa mobile, anche indipendentemente dell'onere di materiale bellico che questa comporta. Né può l'aeronautica sopperire alle deficienza della marina e dell'esercito. E ciò accade in parte per difficoltà intrinseche, giacché nella prognosticata guerra aerea, con tutte le sue meraviglie e tutti i suoi orrori (siano essi leciti o meno) vi è ancora una buona dose di incertezza, ed in parte perché nel nascente organismo, ancora troppo circa la facoltà del bilancio e dei suoi uomini viene assorbita dalla sforzo di primo impianto. Come è stata risolta all'estero la questione? Gli ordinamenti stranieri si informano naturalmente ai determinati geografici particolari della situazione, ma possono sostanzialmente così riassumersi. Dove il pericolo dell'offesa nemica è o meno diretto o più lontano, si ha una difesa costiera in mano all'esercito (Inghilterra) o anche a corpi specializzati aggregati alla marina, ma distinti da essa (Stati Uniti). Dove la minaccia costiera è più diretta la marina assume, o tende idealmente ad assumere, l'intero onere della difesa costiera. Ne abbiamo un esempio in Germania ed in Francia. In quest'ultimo paese però l'applicazione del principio è piena soltanto in teoria. In pratica una serie di disposizioni conciliative portano colà a provvedimenti che molto avvicinano l'ordinamento francese a quello promiscuo nostro, e che il Giappone ha in gran parte e da tempo imitato. Il nuovo ordinamento nostro si uniforma a due principi direttivi essenziali. In ossequio alla condizione di fatto testé ricordata che in guerra diminuisce o cessa l'interesse dell'esercito alla difesa delle coste, si affida alla marina la direzione della difesa costiera in mare, sia essa attiva e passiva, ma non la difesa contro reparti sbarcati che, fuori dall'ambito delle piazze forti marittime, resta dell'esercito. Ma si tiene anche presente la circostanza che un eccessivo allargamento delle funzioni della marina, assorbirebbe un' aliquota di personale tale che andrebbe a danno della sua preparazione marittima vera e propria, o porterebbe alla costruzione di reparti specializzati equivalenti in tutto a qualche reparto dell'esercito. Noi accettiamo in sostanza il concetto che la marina debba addossarsi interamente l'onere e la intera responsabilità della difesa di alcuni punti sensibili, dove essa ha un interesse maggiore o prevalente nella difesa del territorio nazionale, intendendosi per interesse dell'esercito, della marina e dell'aeronautica, la probabilità di azione prevalente di una o dell'altra delle forze armate nella difesa di una determinata zona. Un breve esame della situazione basterà, a mio avviso, a illustrare questa ripartizione di punti sensibili nella quale non è da escludere che in avvenire l'aeronautica possa avere una parte crescente. Nell'alto tirreno può esserci un interesse diretto dall'esercito, all'estremo lembo di ponente della riviera ligure; o in particolari ipotesi di guerra, sulla costa antistante all'arcipelago toscano. Ma assai più vivo è in questa zona l'interesse della marina a proteggere i nostri maggiori porti e anche l'interesse dell'aeronautica, a respingere le offese provenienti dalla Croazia. Ma soprattutto è vivo l'interesse della marina nell'arcipelago toscano, perché in caso di minaccia di sbarco in tal zona la opposizione deve farsi soprattutto per mare e tale minaccia deve essere evitata per conservare la libertà di traffico per mare fra alto e basso tirreno. Esaminiamo ora il medio Tirreno. E' vivo sulle coste l'interesse dell'aeronautica, principale responsabile della difesa della capitale, mentre vi è nulla o quasi quello della marina ed anche minore quello dell'esercito, poiché non vi sono grandi porti, non vi è facile una sorpresa e non vi è praticamente possibile lo sbarco che non avrebbe obiettivi concreti o facilmente raggiungibili. Le cose del basso tirreno sono le meno esposte sia all'offesa aerea, sia alla navale, ma non vi può essere dubbio che in quel bacino di esplorazione ed operazioni, non possono che avere carattere marittimo. In Sardegna e in buon parte della Sicilia, ugual può dirsi l'interesse dell'esercito, della marina e dell'aeronautica, almeno nel senso territoriale. L'interesse della marina si fa soverchiate nello Ionio, dove l'interesse dell'esercito si limita, e in casi eccezionali, alla penisola salentina. Questo interesse delle'esercito risorge soltanto in scarsissima misura in qualche punto dell'Adriatico (golfo di Venezia e Istria). Sul mare Adriatico invece assume o può assumere interesse capitale l'aviazione, tanto più se si consideri la possibilità attraverso l'aria di servirsi del Tirreno come base è per l'Adriatico e viceversa. Nell'alto Adriatico soltanto ritroviamo concorrenti i tre interessi, ma anche qui predominerà assai probabilmente quello dell'aviazione. Ora, poiché è evidentemente impossibile lasciare senza difesa in senso assoluto qualsiasi punto del litorale, e tanto i mezzi materiali quanto il personale della marina sono scarsi, non offre l'attuale sistema di divisione, sia pure con ulteriori mutamenti e sviluppi, veri e grandi vantaggi. Risolta così la questione generica dell'ordinamento della difesa costiera, addentriamoci nei particolari. Non potendosi avere ovunque opere, navi, velivoli, mine in misura adeguata a fronteggiare ogni pericolo, occorrono innanzitutto alla difesa costiera, degli occhi; occorre cioè mantenere e intensificare dove più forte è il bisogno, una rete continua di vigilanza (semafori e stazioni di vedetta) che perrnetta di sapere subito dove accorrere per rintuzzare l'offesa. Questa rete è affidata alla Regia Marina. Per l'estensione e per il costo dei materiali, essa è onerosissima e assorbe ogni giorno maggiori quantità di danaro, perché serve naturalmente anche alla difesa antiaerea contro l'offesa proveniente dal mare e attraverso il mare. Questa difesa è stata fin'ora affidata da noi, col consueto criterio di divisione, in parte all'esercito in parte alla marina. In Inghilterra per le caratteristiche condizioni di quel paese, viene data all'aeronautica. Qualche passo in questo senso e qualche diversa modificazione, potrà forse essere necessaria in avvenire, soprattutto per evitare equivoci e facilitare l'intervento dei velivoli da caccia della difesa. Ma naturalmente dovrebbero aversi in pratica locali eccezionali laddove le batterie difendono opere stabilimenti di interesse prevalente per l'esercito e per la marina, perché è ormai riconosciuto ovunque che le aviazioni ausiliarie così dell'esercito come della marina, debbano sempre più strettamente dipenderne, pur senza staccarsi dal tronco maggiore. Ma la rete di scoperta e comunicazioni della marina, non basta. Occorre un altra rete a larghe maglie collegata alla prima e penetrante nel paese, perché la mobilità e celerità del velivolo non connettono di attivare la difesa aerea al presentarsi dell'attacco e tanto meno è possibile agire efficacemente all'improvviso contro il velivolo in transito per offesa nell'interno nel paese. La cosa è tanto più evidente se si consideri che talune posizioni non nostre, e specialmente la Corsica, consentono un'azione di irradiazione all'attaccante, e si tenga presente la concomitante azione controffensiva centripeta che noi possiamo esercitare contro tali posizioni esige, appunto per essere tempestiva, di conoscere l'azione dell'aviazione avversaria. Ritroviamo così una nuova prova che la difesa delle coste deve essere mobile e manovrata non a cordone. Potremo d'altra parte, mercé la rete d'avvistamento aeromarittima, concentrare le difese antiaeree costiere passive, là dove vi sono centri fiorenti da difendere o vie obbligate o convenienti per l'azione dell'aeronautica, indipendente dal nemico verso l'interno del paese, in stretta collaborazione coll'aeronautica. Accanto a questa rete di avvistamento aereo marittima di semafori, stazioni di vedetta, di segnalazione, occorrono poi anche mezzi di scoperta contro i mezzi invisibili. Occorre cioè creare una rete di radiogoniometri, che si estenderà e complicherà sempre più coi progressi della tecnica, per scoprire, localizzare mediante la determinazione di direzione da più punti le navi nemiche che usano i loro apparati radiotelegrafici, ormai di specie diversissime. Occorrono pure una rete di ascoltazione e scoperta notturna di velivoli, ed una rete di scoperta dei sommergibili immersi, costituita con idrofoni. Possiamo bensì localizzarle ai punti più convenienti alla loro azione, ma sono sempre di impianto oneroso e costituiscono punti pei quali dalla scienza e dalla tecnica, ancora si attende largo progresso. Siamo agli inizi; e l'onere è ancora più grave, appunto perché si tratta di esperimenti lunghi e costosi e in campo ove ognuno cerca gelosamente di serbare il segreto. Con analogo criterio, ricordando che il traffico marittimo deve necessariamente far capo ai porti capaci di riceverlo e che la difesa integrale continuata ed immediata delle coste, è necessaria soltanto dove trovano le loro basi le nostre navi; concentreremo anche la difesa marittima del territorio. E riserveremo le artiglierie essenzialmente ai centri militari o di sommo interesse militare, per non giustificare a priori, almeno allo stato attuale del diritto internazionale, l'aggressione del nemico contro di essi, ma qui occorre qualche delucidazione maggiore. La guerra ha confermato (la spedizione anglofrancese dei Dardanelli insegni), che le navi nulla o quasi nulla possono contro le artiglierie costiere, anche a costo di grandi sacrifici. I progressi della tecnica, le maggiori conoscenza balistiche, consentono poi oggi a terra di sfruttare con forti angoli di elevazione la gittata delle artiglierie e utilizzare quindi efficacemente anche artiglierie non modernissime, mercé l'aumento degli angoli di caduta. L'uso generalizzatosi anche a terra degli affusti di tipo navale, in torri corazzate o no, permette anche nei forti di realizzare estesi campi orizzontali di tiro. Vi è quindi accanto a una tendenza notevole a ridurre le fortificazioni con artiglierie di grosso calibro per l'enorme costo, anche una vera ragione perché ciò sia possibile. Hanno invece riacquistato speciale favore e sono più largamente impiegate, le batterie di medio calibro. Cioè i cannoni tra i 15 e i 20 centimetri di calibro. La ragione di questo favore sta in parte nella loro piena capacità, sia per maneggevolezza, sia per potenza, a battere il sommergibile emerso e riaffiorato, nonché il naviglio sopracqueo leggero, in parte ancora nel costo relativamente modesto, associato ad una buona portata e alla possibilità di collocamento in posto e rimozione senza eccessivi lavori stradali e murari. Ma soprattutto occorre oggi una buona e relativamente numerosa artiglieria media o anche leggera, per impedire al nemico di navigare in determinati specchi con sommergibili emersi, cioè di esplorare e posare mine con sufficiente esattezza, o sfuggire alle nostre mine, e per vietare al nemico di dragarle e di violare, come noi stessi facemmo in guerra, i suoi porti più difesi. Contro queste incursioni a sorpresa, contro i mezzi sempre più perfetti e idonei che può darci il crescente progresso scientifico e tecnico, non basta l'avviso degli idrofoni, non sono sufficienti le artiglierie, ma occorre difendersi in modo passivo e stabile almeno dove l'interesse è più grande. Si operano perciò ostruzioni di varie genere da porre in pera al momento opportuno. Esse sono formate con cavi, catene, travi, reti parasommergibili a larghe maglie, esplosivo e non, e reti impervie contro i siluri, sostenute da galleggianti. Vi siano proiettori di scoperta notturna a talora batterie fisse lanciasiluri, in qualche luogo specialmente adatto. E anche a protezione di queste difese, bastano le medie e piccole artiglierie. Se si considera che queste vi sono già e ben presto potranno essere utilizzate anche per il tiro antiaereo, non può non dirsi pienamente giustificato, il favorire di cui godono ora le medie artiglierie nella difesa costiera. Ma vi sono ancora altre ragioni che militando indirettamente in pro di esse, svalutando ulteriormente le artiglierie pesanti nella difesa costiera. L'avvento dei velivoli ha dato occhi lungimiranti alle navi. Esse possono far osservare il loro tiro dagli aerei e sfruttare così i loro maggiori cannoni alle massime distanze, riacquistando in parte la loro relativa invulnerabilità contro le artiglierie analoghe della difesa, sia perché stando a grande distanza annullano una parte dei vantaggi delle postazioni terrestri come il buon telemetraggio e l'osservazione diretta del tiro, sia perché le artiglierie terrestri sono normalmente meno recenti e meno potenti. Si utilizzano infatti ancora nella difesa costiera le artiglierie dismesse dalle navi, appunto perché coi vantaggi di postazione si potevano compensare in gran parte gli svantaggi di un materiale meno moderno. Non si deve però da ciò considerare che le navi avessero in passato od abbiano oggi acquistato speciali attitudini al bombardamento delle coste. Esse hanno una quantità di munizioni troppo limitata, i loro proietti sono robusti perché destinati a essere lanciati con forti cariche e grandi velocità a forti distanze ed a colpire bersagli navali resistenti, e quindi non contengono sufficiente esplosivo per trarne il massimo frutto contro bersagli leggeri come quelli terrestri. I bombardamenti con navi possono perciò dare un buon rendimento contro opere e stabilimenti terrestri, e le navi devono pel bombardamento cedere il posto all'aviazione, che si combatte con le artiglierie antiaeree e soprattutto col pronto intervento dell'aviazione da caccia ala ritorsione, con l'aviazione da bombardamento contro i campi e obiettivi analoghi del nemico. Ma la resistenza in guerra della nazione, dipende oggi, per larga parte dalla sua vita stessa, da tutte le sue industrie anche pacifiche, che noi non possiamo non considerare. l'incoraggiamento che ne deriva all'esecuzione di piccole azioni costiere con rapide incursioni di naviglio sottile, contro centri abitati ed officine prossime al mare, per la speranza di abbattere la resistenza morale delle nazioni, mezzo radicale di vincere e terminare la guerra. Già vedemmo anche contro di noi, esempi di tal genere in Adriatico e anche in Tirreno. Anche nel ribattere queste offese riesce utilissima l'artiglieria di medio calibro, utilizzata con installazioni automotrici o sistemata su carri ferroviari, costituendo i treni armati, muniti in generale di una sezione antiaerea a difesa propria o dei centri ove vengono dislocati. Con opportune provvidenze ferroviarie, questi treni possono bastare a difendere contro le navi, tratti di costa aperti di circa una sessantina di chilometri. La loro azione fu utilissima nella guerra passata e noi continuiamo a prevedere l'uso di treni armati, senza estenderli però all'uso delle grandi artiglierie ferroviarie che si usarono in guerra sul fronte terrestre, perché il portarle là dove sarebbero utili, riuscirebbe per le opere stradali e ferroviarie occorrenti, più oneroso che non la stessa costruzione di opere permanenti più protette e meglio dissimulabili. Insomma l'artiglieria resta anche oggi nella difesa costiera in molteplici forme, per molteplici scopi, un mezzo sempre pronto all'uso, molto esatto nel suo raggio d'azione, di facile impiego nei riguardi del personale, potendosene trovare di adatto nelle riserve. Nella difesa costiera, come accennai sopra, si fa oggi grandissimo posto anche nella mina. Ma essa ha alcune sue caratteristiche speciali, che la rendono un mezzo di difesa particolarmente oneroso. Non solo è un arma intrinsecamente costosa, ma ha un raggio d'azione limitato. Occorre pel suo scoppio se non l'urto diretto, almeno l'urto contro speciali galleggianti connessi alla mina, che ne estendono si, ma di poco, il raggio di funzionamento. Per essere efficace la mina deve inoltre scoppiare a immediato contatto con la carena, immediatamente sotto di essa, o se la lateralmente ad essa a pochissimi metri di sì distanza. La nave veloce può sfuggire se l'urta con la poppa, la nave di piccola pescagione può passarvi sopra impunemente. La mina deve essere immersa almeno tre metri sotto il pelo dell'acqua, per non essere prontamente strappata dai suoi ormeggi alla prima mareggiata. In molti paesi, non da noi, la marea aggrava questi inconvenienti. Ad ogni modo occorrono però per navi di superficie e poi sommergibili, due tipi diversi di mine; superficiali e profonde. Un intervallo di centro metri in senso orizzontale, è il massimo accettabile su sbarramenti di più linee per conservare la loro efficacia. Un intervallo minimo di cinquanta metri circa in ogni senso fra mina e mina, è necessario per evitare che scoppiando faccia scoppiare le altre. Non sono così possibili sbarramenti in superficie ed in profondità insieme contemporaneamente. Inoltre per ancorare le mine in alti fondali, occorrono ancore speciali ed involucri resistenti. Per contro la mina si presta con modelli ben studiati, contemporaneamente alla difesa e all'offesa. Per l'offesa è particolarmente adatto il sommergibile posa-mine, che minacciato più d'ogni d'altra nave dalla stessa mina allorché naviga in immersione, ritrova così una forma di ritorsione efficacissima. In conseguenza del largo uso di mine in varie acque, viene perciò a gravare sulla difesa costiera un nuovo onere sistematico, quello del dragaggio nelle zone in cui si svolge il traffico costiero. Dalle caratteristiche della mina emerge infatti che anche una barriera continua di mine, può vietare al sommergibile invisibile. Se audace e paziente, di penetrare nei corridoi costieri che possiamo costituire con uno sbarramento parallelo alla costa nei punti pericolosi, per proteggere il traffico marittimo e per garantire il libero movimento delle navi. Può giovare a scoprire le mine, ma in misura ridotta, data la piccolezza dell'oggetto da scoprire e le difficoltà derivanti dal moto ondoso della stessa increspatura del mare, nonché dalla luce, l'intervento del velivolo, o del piccolo vulnerabilissimo dirigibile. Più efficace è il velivolo contro il sommergibile stesso, ma anche qui solo di giorno e se il sommergibile non s'immerge oltre i venti metri. Faccio qui punto a questa rivista necessariamente breve dei mezzi di difesa delle coste, che hanno carattere veramente passivo. Spero sia bastata non solo a documentare l'asserzione che essi sono operosissimi ed insufficienti, ma anche a convincere e persuadere che occorre far luogo all'intervento dei mezzi attivi. Qui però una trattazione completa porterebbe nel campo più ampio della difesa marittima del paese in genere, e il cenno sarà pertanto anche più limitato.. Occorrono oltre ai dragamine, mezzi di caccia dei sommergibili nemici, che non solo tenteranno la posa di mine, ma insidieranno dinanzi alle basi le nostre navi in uscita col siluro, che tenteranno di rendersi conto dell'attività della nostra flotta e scanalarla alle forze navali cui appartengono. Accennai essere perciò necessario farli restare immersi, renderli ciechi e impedire loro l'esplorazione, al fine di farli incappare nelle mine, oppure di affondarli sott'acqua con piccole mine da gettare sopra di essi valendosi di navi e aerei. Ecco fare capolino così il cacciasommergibile, sotto varie forme: il motoscafo antisommergibile, maneggevole, prono sempre, di piccola pescagione, ma soprattutto il cacciatorpediniere atto a scoprirlo, con le crociere e con le sistemazioni idrofoniche, veramente atto a combattere con ogni mezzo, cannone, bombe da getto, torpedini da rimorchio, coll'urto stesso, il sommergibile, da vicino e da lontano, soprattutto davanti ai centri stessi di rifornimento, sulla via da percorrere per recarsi al punto desiderato. Il cacciatorpediniere potrà essere coadiuvato, se si vuole, dal nostro sommergibile, potente arma contro il proprio simile, necessario ausilio alle nostre forze operanti per l'insidia al nemico nelle sue basi, per l'esplosione occulta in prossimità di esse. Ma anche perciò il sommergibile è arma essenzialmente offensiva. Il sommergibile non deve perdere questo carattere, neppure quando lo si impieghi nella difesa costiera. Troppi ne occorrerebbero per intervenire ovunque il nemico possa offendere le nostre coste. L'azione del sommergibile in questo campo, si esplica soprattutto con la minaccia che esse esercitano contro le imprese di sbarco, lungo la via, in prossimità dei luoghi di sbarco, ma nei soli luoghi probabili e nei momenti più opportuni, soprattutto con l'intervento a sbarco iniziato, nella crisi che segue necessariamente allo sbarco, quando comincia il contrasto terrestre, quando occorre mettere a terra artiglierie, carriaggi rifornimenti, rinforzi. Esso è sussidiato in tale azione dalla rete semaforica e anche dal velivolo, guida e collaboratore prezioso. Anche il cacciatorpediniere come il sommergibile, non può essere distratto per soli compiti costieri. La sua caratteristica stessa di essere l'ottimo tra i cacciasommergibili, ne fa un buon collaboratore nella scoperta diurna al largo, nella protezione delle forze di superficie di operazione al largo. Esso è un utile mezzo di combattimento e di posa di torpedini; perciò troppo prezioso alle forze navali operanti, perché si possa disporre esclusivamente per scopi puramente difensivi. Il cacciatorpediniere quindi piuttosto agirà insieme con le forze cui legittimamente va assegnato, sia contro le forze navali nemiche, sia contro i convogli di sbarco nella fase di avvicinamento alle nostre coste, e sarà così anche più utile. Pochi cacciatorpediniere tedeschi annientarono o quasi, due interi convogli di piroscafi nel Mare del Nord, tre soli corsari di superficie, il Moewe, il Wolf e l'Emeden eguagliarono in guerra l'opera di distruzione di molti sommergibili in un eguale periodo di tempo. E' pertanto logico sostituire parzialmente al cacciatorpediniere nella difesa costiera sia dei motoscafi antisommergibili (di dubbia efficacia se non raggiungono dimensioni sufficienti a tenere il mare con cattivo tempo o portare armi sufficienti contro il grosso sommergibile), sia con MAS siluranti, utili a respingere forze di superficie e piroscafi, attaccandoli di notte e anche di giorno, col presidio delle piccole dimensioni e dell'alta velocità, utili pure in particolari azioni offensive contro le basi del nemico. Ma poiché queste azioni possono compiersi solamente in particolari condizioni idrografiche, soltanto con buon tempo, e se si conosca l'ubicazione della navi nemiche e si possa realizzare la sospesa, non conviene abusare nel numero di queste navicelle, di breve durata che richiedono largo impiego di personale sceltissimo e perciò scarso e costoso. Vecchie navi maggiori non più atte al combattimento in mare aperto, non giovano alla difesa delle coste. Esse son facile preda del nemico, come l'esperienza ha più volte insegnato (basti l'esempio delle navi spagnole di Cavite); non servono se non in qualche speciale impresa offensiva. Le navi debbono collaborare alla difesa costiera ricercando e attaccando l'avversario, nelle sue forze navali, nei convogli con cui muove contro le nostre coste, sulle rotte che portano dalle baie da cui invia le sue forze ad operare sulle nostre coste e lungo le linee di traffico che ci è necessario mantenere sgombre e sicure per vivere. Così facendo esse collaborano nel miglior modo alla difese costiera, imprimendo al nemico che alto è il nostro spirito offensivo, che difficile sarà la riuscita dell'attacco contro le nostre coste, perché ad esso seguirà pronta la controffensiva. Forse in questo modo riusciremo ad escludere l'attacco alle nostre coste. Sviluppando la flotta, noi collaboreremo dunque validamente alla difesa delle nostre coste, più che con le innumerevoli fortificazioni e con l'estensione enorme di altri apprestamenti difensivi e mezzi dispendiosissimi di dubbia efficacia, spesso perché non tutti potranno essere pronti all'inizio delle ostilità, quando è da prevedere scoppierà violenta, con la maggior possibile intensità l'azione dell'aggressore, che è vano sperare di disarmare con i soli trattati internazionali. Benché non applicabile integralmente, il principio che la nostra frontiera marittima è la costa del nemico, esso deve informare tutta la nostra preparazione navale per la difesa delle coste. Mobili cioè bene allenate e veloci, numerose devono essere le unità della flotta con largo concorso di mezzi aeronautici, in gran parte dell'aviazione ausiliaria. Ma la mobilità e il numero non devono essere a scapito delle qualità intrinseche meno apparenti. Non ci inganni l'apparenza, circa il brillante successo di azioni parziali in condizioni speciali. Soltanto con armi almeno equivalenti a quelle dell'avversario e montate su navi convenientemente protette, perché sotto l'offesa nemica delle unità similari, e la armi stesse possano continuare ad agire; soltanto con scafi atti a tenere il mare con tempo cattivo e sufficientemente autonomi per portare l'azione a distanza o continuarla pel tempo necessario, con scafi resistenti all'offesa subacquea, la flotta può servire allo scopo per cui è creata e può vincere sul mare e garantire dal mare l'integrità territoriale della Nazione. Soltanto allora lo spirito dei comandanti e degli equipaggi potrà manifestarsi sorretto dalla fiducia della Nazione, indifferente agli episodi di intimidazione, e il cimento costituirà per la flotta un glorioso ma inutile sacrificio. La piccolezza e la velocità che possono permettere il frazionamento delle forze e giovare nella difesa costiera, giovano certo anche all'attacco, ma soltanto in condizioni particolari, perché esso deve poter contare fra l'altro su forze omogenee e agenti simultaneamente e intensamente, con qualunque tempo e mare. Dinanzi alla nave più potente i cui fianchi non possono essere offesi dai cannoni della difesa, alla nave il cui scafo possa resistere alla offese subacquee, le navi troppo leggere prive dell'indispensabile appoggio di unità veramente potenti, di quelli che si chiama il grosso, cioè senza grandi incrociatori e senza corazzate; non possono che fuggire o perire come accadrebbe al cagnolino, all'agilissimo felino che osassero impegnarsi a fondo contro il feroce cane da pastore, contro il tenace mastino[3].

Fig. 2 La moderna difesa costiera si affidava a vari strumenti e armi. 1. aerofono per la difesa antiaerea; 2. Cannone da 190 su cingoli; 3. la torre binata da 381 mm della batteria Amalfi di Venezia; 4. mine; 5. treno armato della R. Marina; 6. Fotoelettrica; 7. MAS con nave caserma; 8. dragamine (da SALZA 1927)

---

[3]SALZA 1927, pp. 1108-1118.

CAPITOLO 5

La Seconda Guerra Mondiale

Premesse

Se durante la Grande Guerra l'area dello Stretto non ebbe di fatto alcun ruolo fondamentale, allo scoppio della Secondo Conflitto Mondiale, la situazione fu sostanzialmente opposta. Infatti la piazza di Messina con relativi porti e installazioni, rappresentando una strategica base nello scacchiere Mediterraneo, fu significativo e determinante teatro di operazioni e di guerra.

Per tali motivi già poco tempo dopo la dichiarazione di guerra italiana contro Francia e Inghilterra, le azioni nemiche in tale area non si fecero attendere, appalesandosi principalmente sotto forma di attacchi aerei, ma anche mediante attività incursionistiche a cura di mezzi sottili sottomarini e di superficie, sino alla guerra sul fronte terrestre nel luglio-agosto 1943. Periodo nel quale Messina era l'obiettivo finale dell'operazione Husky, ovvero lo sbarco angloamericano sull'isola; cioè l'operazione anfibia più imponente della seconda guerra mondiale per numero di truppe sbarcate il primo giorno e per ampiezza del fronte di sbarco.

La piazza marittima di Messina - Reggio Calabria

Nel 1935 l'Artiglieria da Costa fu sostituita dalla Milizia da Costa. (Figg. 3 e 2 - Capitolo 2) per la gestione delle batterie delle piazze. In quell'anno nella piazzaforte di Messina era di stanza la 17ª legione (già legione mista Dicat Dicost) e si componeva di: un Comando Raggruppamento, un Comando di Sottoraggruppamento, quattro Comandi di Gruppo composti dalle otto vecchie batterie costiere di fine Ottocento.

Nell'ottobre del 1935 iniziò la guerra d'Etiopia e per la difesa costiera e contraerea, erano stati già impartiti gli ordini per assicurare l'efficienza difensiva delle piazzeforti delle isole e dei tratti costieri di maggior sensibilità. Messina in tal contesto era anche centro di allestimento imbarchi (reparti della divisione Peloritana), nonché punto di ricovero feriti negli ospedali civili del centro marittimo[1].

Il 31 dicembre del 1938 la Milizia da Costa assunse la denominazione di Milizia Artiglieria Marittima, il cui ordinamento prevedeva per Messina la 6ª legione Milizia Artiglieria Marittima (Fig. 4), in sostituzione della XVII Legione Milizia da Costa. Nel 1939 con Regio Decreto del 27 settembre, fu istituita la Piazza Militare Marittima di Messina - Reggio Calabria, in sostituzione della Fortezza Messina - Reggio Calabria del Regio Esercito, e il Comando Militare Marittimo in Sicilia (amm. di div. Barone); nei mesi di marzo, maggio e agosto era stato formalizzato il passaggio delle opere del Regio Esercito alla Regia Marina[2].

---

[1] *Relazione sulle attività* 1936, p.32.
[2] AUSMM, Archivio XIII Milmart, II Serie, b.004, fasc. 0033-0046.

Circa la difesa navale, risultavano ancora armate otto vecchie batterie da 280/9 passate dal R. Esercito alla Miilmart nel mese di maggio, ovvero: Masotto (armata con 6 pezzi e deposito munizioni di riserve), Crispi (8 pezzi), Schiaffino (6 pezzi e deposito munizioni di riserva), Cavalli (6 pezzi) sul versante calabro e Pellizzari (4 pezzi) Gullì (6 pezzi), Beleno (6 pezzi e deposito munizioni di riserva, insieme a quello della dismessa batteria ad alto parapetto a tiro indiretto) Siacci (6 pezzi) su quello calabro[3]. Opere protette da batterie antiaeree permanenti per cannone da 75/27 a gestione Dicat (Fig. 2). Il Comando della 6ª legione nonché del F.A.M.- Fronte a Mare, spettava al console (pari al grado di colonnello) De Lillo, il quale poi nel grado di console generale (gen. di brig.) avrà il comando del 1° gruppo legioni, formato nell'aprile 1940 (Fig. 4); stesso anno nel quale la Milmart fu riconosciuta specialità autonoma, alle dirette dipendenze del Comando Generale MVSN e dello SM della R. Marina per l'addestramento e l'impiego.

Fig. 1 Messina. Le quattro piazzole disposte in linea, per cannone da 120/40 della batteria costiera De Cristofaro. La batteria sorge sulla sommità della lunetta Carolina, opera difensiva edificata nel 1770 ad ulteriore protezione della più antica Cittadella. In basso foto d'epoca di due dei quattro cannoni da 120/50 della batteria costiera Mezzacapo, con alle spalle il complesso fortificato della torre del faro, dotata di stazione fotoelettrica (foto Donato; foto collezione privata)

---

[3] AUSMM, Archivio XIII Milmart, II Serie, b.003, fasc. 0022-0023.

Tuttavia era impossibile in quell'epoca, che la difesa costiera di una piazzaforte si limitasse solo a poche e obsolete batterie edificate mezzo secolo prima, e armate sostanzialmente con gli stessi complessi della fine dell'Ottocento. Infatti esse furono inserite in un nuovo programma difensivo, rispondente ad un sistema permanente composto da batterie dotate di armamenti più efficaci, ben mimetizzate, di dimensioni ridotte, celermente realizzabili, meno dispendiose e meglio rispondenti alle necessità difensive del periodo. In particolar modo quelle dettate dall'uso dell'arma aerea quale mezzo di avvistamento e offesa nemica.

La piazza, già nel 1938 possedeva armate e pronte tre batterie costiere di cui: una da 120/40 una da 120/50 (Fig. 1) e una da 152/50, avute dalla R. Marina. L'anno successivo furono aggiunte altre batterie costiere e a doppio compito, ovvero con tiro principale contraereo e secondario antinave da 76/40 e 90/42 mm[4] (Fig. 2).

Fig. 2 Esempi di nuove batterie. Messina. In alto a sinistra, quota 400 m, piazzola della batteria per cannone da 75/27 antiaereo, eretta a protezione della vecchia batteria costiera Masotto. A destra, quota 260 m, piazzola della batteria MS 545 armata con cannoni da 90/42 doppiocompito. Al centro a sinistra, quota 80 m, piazzola della batteria MS 280, armata con cannoni da 90/53 doppiocompito. A destra l'unica piazzola residua della batteria MS 620, armata con cannoni da 90/53 doppiocompito, e ornata con l'ancora simbolo della Milmart. In basso particolare della riservetta di pronto impiego della batteria MS 280 (foto Donato)

---

[4] AUSMM, Archivio XIII Miilmart, II Serie, b.001, fasc. 0001-0015.

Fig. 3 Messina. Fontana con abbeveratoio eretta dal personale di una batteria della Milizia da costa (foto Donato)

Fig. 4 A sinistra, medaglia in bronzo per la Milizia Artiglieria Marittima. A destra medaglia in bronzo e smalti per il 1° gruppo legioni Milizia Artiglieria Marittima 1940. In basso a sinistra, bottone da giubba della Milmart (foto collezione Grasso)

Caratteristiche delle artiglierie costiere (doppio compito) e degli strumenti di determinazione del tiro

La dotazione delle artiglierie fisse da costa della piazza, comprendeva dunque vari calibri. Nello specifico per i vecchi mortai da 280/9 rimanevano le stesse caratteristiche originarie, con vari tipi di granate del peso variabile tra i kg 199 e 234, lanciati ad una distanza massima di m 9050, con velocità iniziale massima di 369 m/s. I cannoni da 152/50 potevano lanciare una granata da kg 50 ad una gittata massima di 20 km, con velocità iniziale di 865 m/s e cadenza di tiro di circa 5 colpi al minuto. I cannoni da 152/45 lanciavano una granata di kg 45, a una distanza massima di 19 km con velocità iniziale di 830 m/s e cadenza di tiro di circa 6 colpi al minuto. I cannoni da 120 mm sparavano una granata di circa kg 23 a una distanza massima di oltre km 12, con velocità iniziale di 730 m/s e cadenze di tiro di circa 7 colpi al minuto. Il cannone da 105/28 una granata da kg 16 a una distanza massima di km 11, con velocità iniziale di 765 m/s e cadenza di tiro massimo di 6 colpi al minuto. Per l'azione doppiocompito, il cannone da 90/42 lanciava una granata di circa 10 kg, a una distanza massima di km 12,5 con velocità iniziale di 780 m/s e cadenza di tiro di 8 colpi al min. Il cannone da 76/40, una granata di circa 6 kg ad una distanza massima di kg 12, con velocità iniziale di 700 m/s e cadenza di tiro di circa 15 colpi al min[5].

Per la determinazione del tiro, le batterie da 280/9 erano fornite di centrale composta da: due tavoli calcolatori; un correttore longitudinale; un correttore laterale; un cronoindicatore; un settore circolare; una tabella per la trasformazione delle distanze in angoli di tiro, segnati da apposito indice su arco graduato. Il brandeggio invece era segnato da un altro indice su rotaia graduata (sinistrorsa). I dati di tiro erano trasmetti ai pezzi a mezzo telefono. Il tiro effettuato era indiretto, e solo in casi straordinari diretto.

Le batterie da 152/45 e 50, da 120/40 e 50, erano dotate di telemetro e di centrale di tiro, composta da: indicatore del correzioni; tavolo calcolatore;correttore longitudinale e latitudinale; crono indicatore; tabella dei ragguagli .Le batterie doppiocompito da 90/42 erano dotate di una centra "G" per il tiro contraereo e navale e di un congegno di riserva S. Vito, per il tiro navale. Le batterie doppio compito da 76/40 adottavano una centrale «Bragadin» per il tiro contraereo e un congegno «San Vito» per quello navale. Le batteria da 105/28 eventualmente utile anche per il tiro di controbatteria o contro obiettivi costieri, utilizzava gli strumenti di tiro regolamentari del R.E.

L'organizzazione della difesa navale

L'organizzazione della difesa navale si componeva di un Comando Fronte a Mare devoluto al comandante della 6ª legione Milmart. Da esso dipendevano quattro Comandi di Gruppo, di cui due sulla sponda sicula e due su quella calabra dello Stretto (Fig. 5).
1. Il Comando Gruppo Nord Siculo, avente sede in località Menaia presso la batteria Crispi (telemetro capogruppo) e collegato alle fotoelettriche di Pace e Torre Faro e al semaforo e telegoniometro di Spuria, oltre le vecchie batterie da 280/9 Crispi (8 pezzi, Figg. 6, 7, 8) e Masotto (6 pezzi, Figg. 9, 10, 11, 12), comprendeva 1 batteria costiera da 152/45 (3 pezzi più uno da illuminante da 120 mm), 1 da 120/50 (4 pezzi), una antisiluranti da 105/28 (4 pezzi), più 2 doppiocompito da 76/40 e 90/42 (4 pezzi) e 1 sezione da 76/40. La batterie Masotto e Crispi erano servite per il tiro notturno dalla fotoelettrica di Torre Faro.
2. Il Comando Gruppo Sud Siculo, avente sede in località Monte Cappellaro (Fig. 13), nei pressi della batteria Cavalli (telemetro capogruppo), collegato con la fotoelettrica di Tremestieri e la stazione di riconoscimento di Piano del Giglio, comprendeva oltre le vecchie batterie da 280/9

---

[5] GRANDI 1934, pp. 57, 58, 86, 87, 137,138,143,144, 165,166; CAPPELLANO 1988, p. 116; BAGNASCO 2003, pp, 52, 53, 75.

Schiaffino (6 pezzi, Figg. 14, 15, 16, 17) e Cavalli (6 pezzi), servite per il tiro notturno dalla fotoelettrica di Tremestieri; 1 da 120/40 (4 pezzi), 1antisiluranti da 105/28 (4 pezzi) e 2 doppiocompito da 90/42 2 e 76/40 (4 pezzi)[6].

3. Il Comando Gruppo Nord Calabro avente sede nei pressi della batteria Siacci, comprendeva oltre alle vecchie batterie da 280/9 Siacci (6 pezzi, Figg. 18, 19) e Beleno (6 pezzi, Fig. 20), servite per il tiro notturno dalle fotoelettriche di Scilla, S. Trada e Punta Pezzo; 1 batteria antisiluranti da 105/28 (4 pezzi). Per la misurazione della distanza degli obiettivi situati in zone non viste dai telemetri in dotazione, la batteria Siacci si serviva del telegoniometro[7] in località Matiniti Inferiore, Superiore e Focumeni, la batteria Beleno di quelli in località Focumeni e Matiniti Superiore.

4. Il Comando Gruppo Sud Calabro con sede nei pressi della batteria Pellizzari (telemetro capogruppo), collegato con la stazione di riconoscimento di Torre Lupo, comprendeva oltre le vecchie batterie da 280/9 Gullì (6 pezzi, Fig. 21) e Pellizzari (4 pezzi, Fig. 22), collegate per il tiro notturno alle fotoelettriche di Catona e Pentimele, anche 1 batteria 152/50 (4 pezzi più uno da 120 illuminante), 1 da 105/28 (4 pezzi) antisiluranti e 1 sezione doppiocompito da 76/40. Per la misurazione della distanza degli obiettivi situati in zone non viste dai telemetri in dotazione, la batteria Gullì si serviva del telegoniometro in contrada Santori e la batteria Pellizzari di quello di Pentimele.

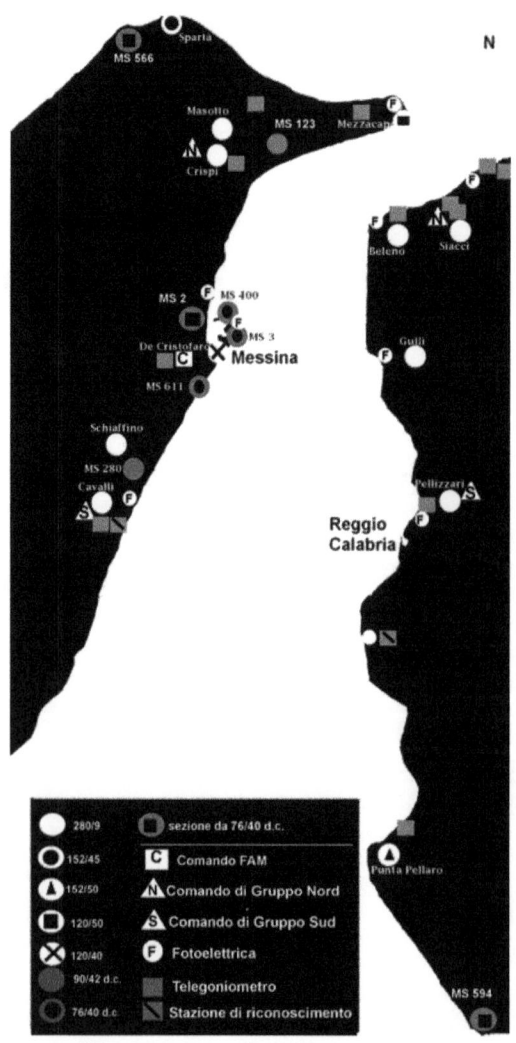

Fig. 5 Mappa della difesa costiera tra il 1939 e il 1940. Non sono indicate le 4 batterie da 105/28 del R. E. (elaborazione Donato)

---

[6] AUSMM, Archivio XV Marisicilia Messina, faldone 5.
[7] Le opere sono ancora in massima parte esistenti.

Fig. 6 Messina. La batteria Crispi armata con otto obici da 28 C su affusti idropneumatici, tra gli anni Venti e Trenta del Novecento. In basso la batteria come si presenta oggi, in stato di grave degrado ed abbandono. L'opera presenta evidenti segni di importante esplosione, viste anche le condizioni del corpo di fabbrica centrale e delle riservette sotto il terrapieno. (foto collezione Riccobono; Donato)

Fig. 7 Messina. Batteria Crispi. Particolare del versante meridionale del terrapieno armato con gli otto obici da 28 C su affusti idropneumatici, tra gli anni Venti e Trenata del Novecento. In basso lo stesso luogo oggi (foto collezione Riccobono)

Fig. 8 Messina. Batteria Crispi. In alto la linea dei pezzi e i resti del corpo centrale. In fondo gli edifici del Comando Gruppo Nord Siculo, nelle cui vicinanze esisteva con un monumento ormai ridotto a rudere. In basso il soprastante edificio e l'interno del locale centrale del telemetro capogruppo (foto Donato)

Fig. 9 Messina. Batteria Masotto. Ingresso a porta reale dotato di stemma sabaudo. A destra la targa in abbandono, risalente ad oltre ottanta anni addietro, che ricorda l'intitolazione dell'opera al capitano di art. da montagna Umberto Masotto, medaglia d'Oro al VM alla memoria, caduto nella battaglia di Adua nel marzo 1896. L'opera è in abbandono da oltre venti anni (foto Rossello; Donato)

Fig. 10 Messina. Batteria Masotto. In alto a sinistra, il cortile interno con l'unica rampa per il trasferimento del materiale di artiglieria al terrapieno e ai locali annessi. A destra il corridoio del livello superiore che mette in comunicazione con le riservette sottostanti il terrapieno. Al centro a sinistra, il tunnel che scende verso la caponiera frontale angolare meridionale. A destra uno dei due archi che sostengono il mezzo ponte sul quale poggia il ponte levatoio. In basso a sinistra, parte del profondo fossato perimetrale rivestito. A destra una coppia di paranchi utili a issare le granate e altro materiale sul terrapieno. (foto Donato)

Fig. 11 Batteria Masotto. L'area interna dell'ingresso con il cortile, la rampa e il piano superiore, tra gli anni Venti e Trenta del Novecento. In basso lo stesso luogo oggi (foto Epasto; Donato)

Fig. 12 Batteria Masotto. Il terrapieno armato con sei obici da 28 C su affusto da difesa e sott'affusto a molle a perno centrale, tra gli anni Venti e Trenta. Si notano addossati al parapetto i vani dai quali si trasferivano le cariche di lancio ai pezzi. In basso lo stesso luogo oggi. In fondo l'edificio del telegoniometro, aggiunto verso la fine degli anni Trenta. (foto collezione Riccobono; Epasto)

Fig. 13 Messina. In alto l'edificio del Comando di Gruppo Sud Siculo. In basso lo stesso luogo oggi. In fondo si nota il fianco meridionale della batteria Cavalli, col piccolo edificio del telemetro capogruppo ancora in loco (foto collezione Riccobono; Donato)

Fig. 14 Messina. La batteria Schiaffino durante le esercitazioni del 1939-40, con 6 obici da 280/9. Si notano i militi della 6ª legione Milmart con gli elmetti mod. Adrian. In basso la batteria oggi, in stato di abbandono (foto collezione Riccobono; Donato)

Fig. 15 Messina. Batteria Schiaffino. Anni 1941-1942 circa. Gli ufficiali della 6ª Milmart in uniforme ordinaria di servizio, seduti davanti a uno dei due casotti telemetrici, trattato con colorazione mimetica policroma. Nello specifico da sinistra verso destra si tratta di: un sottocapomanipolo (sottotenente), un capo manipolo (tenente), un centurione (capitano) e un sottocapomanipolo. In basso lo stesso luogo oggi con l'unico casotto rimasto (foto collezione Riccobono; Rizzo)

Fig. 16 Batteria Schiaffino. Anni 1941-1942 circa .Gli stessi ufficiali in uniforme estiva con insegne di grado sul taschino sinistro, posano presso l'estremità meridionale dell'opera, con un telemetro a base verticale. In basso lo stesso luogo oggi (foto collezione Riccobono; Donato)

Fig. 17 Batteria Schiaffino. Anni 1941-1942.circa. Gli ufficiali posano davanti a una delle tre coppie di vecchi obici da 280/9, incavalcati su affusto da difesa e sott'affusto a molle a perno centrale su piattaforma circolare, verniciati con colorazione policroma mimetica (foto collezione Riccobono)

Fig. 18 Matiniti Superiore (RC). Batteria Siacci. In alto a sinistra, l'ingresso in stile medievaleggiante, con impresso l'anno di costruzione (1888). A destra il fossato di gola visto dal ponte levatoio. Si nota il blocco casamattato che lo interrompe proteggendolo con tiro d'infilata, e dal quale si accede alla polveriera. In basso a sinistra, il tunnel di accesso alla caponiera frontale angolare settentrionale. A destra il vasto terrapieno con la linea dei pezzi e il basso parapetto. L'opera è in stato di abbandono (foto Donato)

Fig. 19 La batteria Siacci tra gli anni Venti e Trenta, armata con sei obici da 28 C e i due casotti telemetrici. In basso la batteria oggi (foto collezione Riccobono; Fondo Ambientale Italiano)

Fig. 20 Piale (RC). Resti della batteria Beleno (foto Rugari)

Fig. 21 La batteria Gullì (RC) prima dei lavori di recupero (foto Donato)

Fig. 22 Reggio Calabria. La batteria Pellizzari. In fondo l'edificio del telemetro capogruppo. L'opera è in stato di abbandono (foto Rete Comuni Italiani)

Lo specchio organico di guerra del febbraio 1939, esercitazioni e provvedimenti

La seguente tabella indica l'organico della 6ª legione Milmart per le batterie da 280/9[8].

	Telemetri a b.v. interni	Telemetri a b.v. esterni	Pezzi da 280/9	Ufficiali	Sottufficiali	CCNN
Comando Raggruppamento				10	10	50
Comando Sottoraggruppamento				6	5	33
Comando Gruppo Nord Siculo				3	5	26
. Batteria Masotto	2	1	6	5	19	143
. Batteria Crispi	2	1	8	5	19	143
Comando Gruppo Sud Siculo				3	5	26
. Batteria Schiaffino	2		6	5	17	139
. Batteria Cavalli	2	1	6	5	19	143
Comando Gruppo Nord Calabro				3	5	26
. Batteria Siacci	2	2	6	5	21	147
. Batteria Beleno	2	2	6	5	21	147
Comando Gruppo Sud Calabro				3	5	26
. Batteria Gullì	2	1	6	5	19	143
. Batteria Pellizzari	2	1	4	5	17	121
Totale	16	9	48	63	187	1313

Nel mese di giugno il Programma Addestrativo del Comando 6ª legione nel periodo luglio 1939 - dicembre 1940, contemplò le esercitazioni per le batterie costiere. A giugno la batteria Schiaffino eseguì esercitazioni con tiro normale. Nel mese di luglio eseguirono i tiri normali diurni le batterie da 280/9 Pellizzari e Gullì, ad agosto le batterie Cavalli con tiro normale notturno e Beleno con tiro normale diurno ridotto con pezzi da 87 B; più i tiri con mitragliatrici. A settembre fu la volta della batteria Schiaffino con tiro ridotto per pezzi da 87 B e ad ottobre le batterie Crispi e Masotto con tiro normale diurno[9].

Nel 1940 l'organizzazione della MVSN in Sicilia era a cura della XIII Zona, da cui dipendeva il 28° gruppo legioni, mentre per la sorveglianza e difesa costiera dell'isola, erano attive 23 centurie inquadrate in 7 legioni CCNN[10]. Come già accennato, nel mese di aprile fu istituito il 1° gruppo legioni Milmart di Messina, al comando del console generale De Lillo[11]. Il 9 giugno, vigilia della dichiarazione di guerra italiana contro Inghilterra e Francia, al FAM comandato dal primo seniore Svampa (maggiore), fu ordinato che per l'alba del giorno 10 tutte le batterie antinave fossero pronte contro qualsiasi offensiva inglese o francese.

---

[8] Archivio XXXI Milmart, II Serie, b.004, fasc. 0038.
[9] Archivio XXXI Milmart II Serie, b.002, fasc. 0018, 0020.
[10] ROSIGNOLI 1995, pp. 38, 40.
[11] Furono inoltre istituite la 9ª e 14ª legioni di stanza rispettivamente a Pantelleria e Reggio Calabria, mentre Messina era anche sede della Scuola allievi ufficiali e sottufficiali Milmart.

Nel frattempo il FAM era composto da 4 Comandi di Gruppo Navale, 13 batterie antinave, 5 doppiocompito, 5 stazioni di riconoscimento e 9 fotoelettriche[12]. Nel mese di dicembre il seniore Tomasello fu designato quale nuovo comandante della 6ª legione Milmart. Nel 1942 il comandante del 1° gruppo legioni era il console generale De Lillo; della 6ª legione il console Tomasello, della Difesa Militare Marittima il capitano di fregata Casoria, del FAM il seniore Rao. Comandante del Gruppo Nord Siculo, era il seniore Ragusa, del Gruppo Sud Siculo il seniore Carbone. L'organizzazione della difesa costiera era composta dalle seguenti batterie:

1. sulla costa sicula: 4 da 280/9 Masotto, Crispi, Schiaffino e Cavalli; 2 da 152/45 (Figg. 23, 24), 1 da 120/50; 1 da 120/40; 2 da 90/42 doppiocompito; 3 da 76/40 doppioompito; 2 da 105/28 antisilurante e 2 sezioni da 76/40 doppiocompito.
2. sulla costa calabra: 4 da 280/9 Siacci, Beleno, Gullì e Pellizzari; 1 da 152/50 (Fig. 23).; 2 da 105/28 antisiluranti e 1 sezione da 76/40 doppiocompito.

Fig. 23 Esempi di nuove batterie costiere. In alto a sinistra, l'edificio della direzione tiro della batteria da 152/50 Conteduca (RC) a quota 35-25 m.. A destra una delle tre piazzole per cannone da 152/45 della batteria Margottini (Alì, ME), con la piastra ancora posizionata sul rocchio e la riserva munizioni di pronto impiego ipogea. In basso a sinistra, una delle tre piazzole per cannone da 152/45 della batteria La Cagnina (Messina) a quota 80-50 m, con relativo edificio della direzione tiro (foto Novello; Donato; Annuario)

---

[12] «Bollettino d'Archivio» M12 - Milmart I serie, Comando FAM, b.006.

Fig. 24 Alì (ME). Batteria costiera Margottini, dislocata ad una quota variabile tra 130 e i 70 metri. Due dei tre cannoni da 152/45 in posizione e mimetizzati. In alto si nota l'edificio della direzione tiro. In basso l'interno della direzione tiro con in evidenza il telemetro a base verticale montato sull'ipotenusa di una intelaiatura meccanica brandeggiabile, avente forma di triangolo rettangolo. (foto collezione Riccobono)

Attività nemiche nell'area dello Stretto

§ *Attacchi aerei*

Il rapido sviluppo dell'arma aerea quale fondamentale strumento di ricognizione e attacco, permise di effettuare operazioni e azioni su obiettivi altrimenti irraggiungibili. Se infatti il potere marittimo si riferiva al controllo e uso delle vie di comunicazione, quello aereo rappresentava una condizione di supremazia militare per ottenere specifici risultati tattici o strategici.

A seguito della dichiarazione di guerra italiana del 10 giugno 1940, già a partire dall'11 la RAF aveva attaccato il territorio metropolitano italiano bombardando Torino e Genova[13]. L'area dello Stretto di Messina divenne inizialmente obiettivo inglese, avente lo scopo di ostacolarne il traffico marittimo, colpendo le principali attrezzature portuali e ferroviarie. La città, dotata di un sistema di protezione attivo e passivo approntato in parte già negli anni Trenta, attraversò dal luglio 1940 all'agosto 1943, un periodo ricco di ricognizioni, allarmi, attacchi, incursioni e bombardamenti nemici.

Nel dicembre 1940 il no. 148 Squadron con base a Malta, effettuò le prime sporadiche incursioni notturne[14]. Il 1941 vide un significativo aumento delle incursioni notturne inglesi a cura dei bimotori pesanti Wellington del no 205 Group, sulle installazioni portuali e ferroviarie, effettuate nei mesi di gennaio, luglio, agosto, settembre, ottobre e novembre[15]. Nel 1942 la RAF effettuò incursioni nei mesi di febbraio, maggio, giugno e luglio ottobre[16]. Nel 1943 gli equilibri bellici cominciavano a propendere nettamente a favore delle forze alleate. Sulla Sicilia e più in generale nello scacchiere mediterraneo, furono dunque applicate in modo massiccio e costante le tattiche incursionistiche, con utilizzo di ordigni demolitori ed incendiari di varie dimensioni e funzioni. Lo scopo era quello di avvantaggiare le operazioni terrestri nei fronti di guerra e nelle invasioni dei continenti, annientando il sistema militare, industriale, economico e morale nemico.

Dal mese gennaio col debutto americano sugli obiettivi siciliani, i programmi di bombardamento furono coordinati dall'USAAF e dalla RAF per cui l'aviazione americana avrebbe bombardato in maniera sistematica di giorno, quella inglese di notte. Si trattava della cosiddetta offensiva di bombardamento combinata (Combined Bomber Offensive), attuata tramite l'applicazione del bombardamento orizzontale e della saturazione dell'obiettivo. Dopo le attività ricognitive del 4 gennaio e 14 gennaio[17], a partire dal 26 e 27 Messina fu dunque attaccata anche dalle formazioni americane, mediante incursioni diurne a cura dei gruppi da bombardamento pesante (Boeing B17 Flying Fortress mod. F e Consolidated B 24 Liberator mod. D) e medio delle 9th e 12th Air Forces dell'USAAF.

Le sortite notturne a quote nettamente più basse, secondo tecniche basate sulla segnalazione (pathfinder force) e illuminazione preventiva degli obiettivi, erano invece principalmente effettuate dai più modesti e meno dotati ma robusti bombardieri pesanti bimotori inglesi a largo raggio Vickers Wellington (solitamente i modelli Mk I, Ic e II), del già citato no 205 Group. La 9th Air Force (in parte IX Bomber Command e con alle dipendenze un gruppo di quadrimotori B 24 Mk II inglesi), la 12th Air Force ed il no 205 Group, dipendevano dalla NAAF, Northwest African Air Force[18]. I caccia invece si occupavano delle sortite a bassissima quota tra i 300 e i 1200 metri, contro obiettivi di ridotte dimensioni.

Il porto di Messina già sede della III Divisione Navale, aveva una capacità di 4-5000 tonnellate al giorno, con un sistema di trasporto assicurato da 6 traghetti e 7 terminal, di cui 4 a Messina, 2 a Villa San Giovanni e 1 a Reggio Calabria[19], quest'ultima dotata anche di un aeroporto militare.
Lo Stretto era luogo di maggior transito e traffico navale, e di conseguenza area da colpire senza soluzione di continuità. Non a caso già da febbraio vi operavano 13 mezzi Siebel e 5 Marine-

---

[13] MIDDLEBROOK-EVERITT, 2011, p. 51.
[14] MARCON 2005, p. 16.
[15] *Bollettini di guerra* 1973, pp. 131, 229, 239, 261, 262, 294, 299, 300.
[16] *Bollettini di guerra* 1973, pp. 356, 390, 391, 392, 393, 394, 397, 414; AUSMM, Archivio XXXI MILMART I Serie, b.6.
[17] *Diario-Comando Supremo* 2002, pp. 31, 109.
[18] I velivoli inizialmente decollavano dalle basi dislocate a Malta e in Africa settentrionale e successivamente dagli aeroporti siciliani, una volta conquistati dalle forze alleate sbarcate sull'isola.
[19] AAF 1945.

pharframe tedeschi, utili ad assicurare i trasporti, facendo la spola tra i vari punti di attracco eretti lungo le spiagge[20]. Nei mesi di gennaio febbraio, marzo e aprile si registrò quindi una escalation di attacchi, incursioni e di tonnellate di bombe sganciate principalmente sull'area del porto e sulle stazioni ferroviaria e marittima, sino a toccare i picchi massimi a maggio e giugno; mese nel quale il NAAF classificò Messina quale obiettivo primario con precedenza sugli altri[21].

Fig. 25 Messina. Luglio 1943, pesante attacco aereo americano diurno sulle installazioni portuali e ferroviarie. In basso si intravedono quasi centrati dalle bombe, la caserma Sabato, sede del comando poi trasferito, della 6ª legione Milmart, e dell'osservatorio Diicat nonché comando FAM, presso il castello Gonzaga (foto NARA)

A partire da maggio le incursioni si fecero nettamente più intense e costanti rispetto ai mesi precedenti. Nel mese di giugno si ebbe un'ulteriore incremento delle attività di offesa aerea angloamericana sugli obiettivi principali. A giugno si ebbe un'ulteriore incremento delle attività di offesa aerea angloamericana sugli obiettivi principali[22]. A luglio, in previsione dello sbarco alleato sull'isola (Op. Husky) giorno 10, gli attacchi si intensificarono ulteriormente (Fig. 25). Nei primi diciassette giorni di agosto che coincidevano con gli ultimi della battaglia di Sicilia, gli attacchi diurni e notturni sull'area dello Stretto, furono massicci ed effettuati praticamente tutti i giorni senza soluzione di continuità. Mentre i grossi bombardieri attaccavano le attrezzature, le vie di comunicazione e i punti di imbarco sulle spiagge, quelli medi ed i caccia si concentravano sui mezzi operanti tra le due sponde dello Stretto carichi di materiale e uomini. Secondo il rapporto del NAAF, *Analysis of bombing operations*, dal 31 luglio al 10 agosto l'aviazione alleata effettuò 528 incursioni diurne e notturne scaricando 1217 tonnellate di bombe sugli obiettivi, mentre i caccia bombardieri con 758 sortite sganciarono 198 tonnellate di ordigni sui mezzi navali nemici.

---

[20] HEADQUARTERS-FORCE 1943, p. 45.
[21] BONACINA 2006, p. 95.
[22] MILITARY INTELLIGENCE SERVICE 1943, June 1943, pp. 18, 26, 28, 38, 41, 42, 44.

Dal 29 luglio al 17 agosto su un totale di 9989 missioni, 2514 furono effettuate su Messina. In particolare tra il 13 e il 16 agosto il NAAF effettuò sullo Stretto 1173 sortite antishipping di cui: 963 a cura de caccia P40 e A36 e 227 dei bombardieri medi B 25 e leggeri A 20[23]. L'area del porto rimase costantemente uno degli obiettivi prioritari dell'aviazione alleata. Zuckerman calcola che ad essa spettò il 35% del totale delle bombe angloamericane. Quindi considerando le incursioni relative agli anni precedenti e quelle effettuate dal 26-27 gennaio al 16-17 agosto 1943, e calcolando che su Messina fu scaricato un totale di circa 6000- 6500 tonnellate di bombe; si evince che oltre 2200 caddero sull'area del porto, pesantemente danneggiato, così come la città. Secondo il Comando della 22ª Flak brigade, posta a difesa dello Stretto, l'aviazione angloamericana dal 10 luglio al 17 agosto subì l'abbattimento di 195 aerei[24]. Tuttavia considerando che un aereo colpito non significava essere necessariamente abbattuto, alcuni dati parziali più verosimili indicano che dal 29 luglio al 17 agosto furono persi circa 31 velivoli alleati, mentre il 15 e 16 agosto vennero colpiti 72 bombardieri e 30 cacciabombardieri[25].

§ *Attacchi navali*

Le azioni navali nemiche nello Stretto e nelle aree immediatamente limitrofe, sono da ascriversi come detto, principalmente ai sottomarini; seppur questi quasi mai entrarono nello specchio d'acqua interno, sorvegliato anche dalle vedette antisom. Il suo eventuale forzamento fu delegato nell'estate del 1943, ai piccoli e veloci mezzi di superficie inglesi. Da parte angloamericana non fu mai tentato un attacco navale a viva forza e diretto contro la piazza di Messina, probabilmente per il fatto che la copertura aerea non era sufficiente, e nella consapevolezza di riuscire a conquistare la città da terra, una volta sbarcate imponenti masse di truppe in specifici e convenienti punti dell'isola.

Il primo affondamento fu quello del piroscafo *Sebastiano Bianchi* il 13 dicembre 1940 a seguito dello scoppio di una mina posata dal sommergibile inglese *Truant*, presso Capo Spartivento (RC). Nel 1941 i sommergibili inglesi classe <U> della 10th flotilla con base a Malta, furono inviati in pattugliamento nelle acque dello Stretto[26]. Il 5 marzo a Capo d' Armi (RC) il sommergibile *Triumph*, affondò i piroscafi *Marzamemi* e *Lofaro*, il 31 Il *Rorqual* affondò a 17 miglia sud dell'isola Stromboli (ME) il sommergibile *Pier Capponi*. Il 20 maggio presso Capo d'Armi, l'*Upholder* attaccò la cisterna *Utilitas* e il 3 luglio presso Saline Joniche (RC,) la nave da carico *Laura Couselich*. Il 26 agosto a nord dello Stretto il *Triumph* danneggiò l'incrociatore pesante Bolzano. Il 27 settembre, a 8 miglia nordest di Capo Rasocolmo (ME), l'*Upright* affondò la corvetta *Albatros,* Il 14 dicembre, a 10 miglia sudest di Capo dell'Armi, l' *Urge* danneggiò la nave da battaglia *Vittorio Veneto.*

Il 12 gennaio 1942 a sudest di Capo Spartivento, l'*Unbeaten* affondò il sommergibile tedesco U-374 e il 17 marzo a 15 miglia sud di Capo Spartivento (RC), il sommergibile *Guglielmotti*. Il 1 aprile a 20 miglia da Stromboli l'*Urge* affondò l'incrociatore leggero *Giovanni dalle Bande Nere*. Il 5 maggio a 12 miglia a sud di Capo dell'Armi, l'*Una* affondò il mercantile *Ninetto G*. Il 9 maggio a Capo dell' Armi l'*Upright* affondò una stazione di carenaggio mobile in fase di traino. Il 13 agosto a nordovest dello Stretto l'*Unbroken* danneggiò l'incrociatore leggero *Muzio Attendolo* e l'incrociatore pesante *Bolzano*. Il 17 novembre a 4 miglia da Capo Rasocolmo l'*Umbra* danneggiò la nave trasporto truppe *Piemonte.*

Il 23 gennaio 1943 presso Capo Dell'Armi l'*Unbendig* danneggiò la nave mista *Viminale*, affondando il rimorchiatore *Luni*, il 14 marzo a Capo Spartivento l' *Unbending* affondò i mercantili

---

[23] MARK 1994, p. 74.
[24] SANTONI-MATTESINI 2005, p. 457.
[25] D'ESTE 1988, pp. 535-536.
[26] POOLMAN 1993, p. 63.

Città di Bergamo e *Cosenza*. Il 23 e 28 a Capo Spartivento l' *Unison* affondò la cisterna *Zeila,*e la Nave da carico *Lillois*. Il 9 maggio a 5 miglia sud est di Lipari l'Unrivalled affondò il mercantile *Santa Marina Salina*. Il 24 a nord di Capo Spartivento Il sommergibile polacco *Dzik* danneggiò la cisterna *Carnaro*. Il 14 giugno a 1 miglio sud da Capo dell' Armi l' *United* affondò il mercantile *Ste Marguerite*. L'8 luglio tra Capo Rasocolmo e Capo Peloro (ME) l'*Ultor* affondò la nave da carico *Valfiorita*. Il 12 luglio La MTB 81 affondò il sommergibile tedesco U-561.

Il 17 luglio Messina divenne Comando di 12 schnellboote (motosiluranti tedesche) della 3ª flottiglia e 8 della 7ª, con basi operative a Salerno e Crotone. Esse erano utili per il servizio di perlustrazione notturna a sud dello Stretto contro le incursioni notturne delle MTB (motor torpedo boat -siluranti) e MGB (motor gun boat- moto cannoniere) inglesi, aventi base a Siracusa. Il 16 luglio a sud ovest di Reggio Calabria, si scontrarono 7 motosiluranti tedesche e 7 motocannoniere e siluranti inglesi con danni a due mezzi tedeschi (S-51 e S-151) e uno inglese (MTB-57). La notte del 20 luglio i motodragamine tedeschi R 38, 86, 178 e 188 presero contatto con 4 MTB inglesi ad ovest di Capo Spartivento. La mattina del 17, l'incrociatore *Scipione* in transito nello Stretto, in prossimità di Reggio Calabria respinse con le proprie artiglierie l'attacco di 4 MTB inglesi affondando la n 316. Anche le batterie costiere italiane e tedesche fecero buona guardia[27], affondando il 14 luglio la MGB 641 e danneggiando il 16 e il 19 le MTB 75 e 77. Il 15 agosto le batterie costiere tedesche da 170 mm, affondarono la MTB 665.[28]

Il rafforzamento delle difese della piazza e lo scioglimento dei comandi

A partire dei primi mesi del 1943 la difesa dell'area dello Stretto era stata aggiornata e migliorata, specialmente quella antiaerea, già integrata con batterie tedesche da 88 mm. A gennaio la situazione delle batterie costiere della piazza si presentava nel complesso incrementata rispetto agli anni precedenti. In totale infatti si contavano 4 batterie costiere da 280/9 Masotto, Cavalli, Beleno e Pellizzari; 2 da 152/45; 1 da 152/50; 1 da 120/50; 1 da 120/40; 12 doppiocompito da 76/40, 90/42 e 90/53, che lanciava un granata da 10 kg ad una distanza massima di 17 km, con velocità iniziale di 850 m/s e cadenza di tiro pari a 20 colpi al min.[29] Le vecchie batterie costiere di fine Ottocento, furono ulteriormente ridotte da 8 a 4, essendo state disarmate Crispi, Schiaffino, Siacci e Gullì.

Il 14 luglio, sbarcate da quattro giorni le truppe angloamericane sull'isola, a seguito dell'ordine del Comando Supremo circa l'inserimento della difesa della Piazza nell'organizzazione costiera del R. E., Supermarina dispose la scissione tra il Comando Militare Autonomo della Sicilia e il Comando Marina di Messina; che sarebbe passato alle dipendenze del locale Comando Piazza. Il 18 però lo stesso Comando Supremo transitò il Comando Piazza alle dipendenze del XVI Corpo d'Armata. Il 22 ordinò che il Comando Piazza si distaccasse dal Comando Militare Autonomo della Sicilia, per passare il 27 luglio agli ordini di un generale di divisione dipendente dal XVI Corpo d'Armata del R. E., con un contrammiraglio in sottordine per la direzione del Comando Marina. L'ammiraglio di squadra Barone manteneva il comando della Marina di Sicilia, nonché gli incarichi circa il traffico nello Stretto e i movimenti nei porti e nelle spiagge[30].

Circa la difesa costiera dello Stretto, l'*Ordine di battaglia della Piazza Marittima di Messina - Reggio Calabria* del luglio 1943 indica: 4 batterie costiere da 280/9 Masotto, Cavalli, Pellizzari,

---

[27] Sono inverosimili e non suffragate da alcuna prova, le notizie circa il certo intervento della batteria da 280 mm Cavalli , contro le incursioni notturne delle motosiluranti inglesi nel luglio e agosto 1943, diffuse in alcune interviste televisive nel 2013 e 2014 dal signor V. Caruso, del centro studi di Forte Cavalli.
[28] SANTONI-MATTESINI 2005, pp. 432, 433, 439, 440, 458; Santoni 1989, p. 399.
[29] CAPPELLANO 1998, p. 225.
[30] SANTONI 1989, pp. 251, 299, 355.

Beleno; 2 da 152/45; una da 15250; una da 120/50; cinque doppiocompito da 90/53; 3 da 90/42 e 4 da 76/40 (Fig. 26). Ad agosto si aggiungeranno 4 batterie tedesche armate con cannoni da 170 mm, che lanciavano granate da 60 kg a gittate massime di 29 km con velocità iniziale di 925 m/s[31].

In totale quindi la difesa costiera poteva contare su 69 cannoni di vario calibro, più 22 mortai da 280/9 e circa 16 cannoni tedeschi. Tali batterie operavano insieme ad oltre 20 contraeree pesanti italiane da 37, 76 e 90 mm, più oltre una decina tedesche da 88 e 105 mm, utili ad assicurare la protezione antiaerea dello Stretto insieme alle batterie leggere da 20 mm e di calibro ancora minore. A tutto ciò si aggiungevano le truppe del Regio Esercito, schierato a difesa della piazza, con vari reparti di fanteria, artiglieria, genio, autieri ecc.

Con lo sbarco angloamericano sull'isola il 9-10 luglio 1943, le incursioni e i bombardamenti aerei si fecero ancora più intensi, spostandosi verso l'area dello Stretto, via via che la 7th e 8th Armies avanzavano nel tentativo di chiudere le truppe italotedesche a Messina, obiettivo finale della campagna. Queste ultime nel frattempo avevano organizzato un piano difensivo, riuscendo a contenere la pressione nemica con una serie di provvedimenti tattici, ovvero una fase di contenimento basata su 4 linee difensive e 3 finali di evacuazione, passanti per i maggiori gruppi montani dell'isola, a sbarramento delle principali rotabili costiere ed interne. In questo modo si assicurava la protezione della cuspide nord orientale della Sicilia, culminate con Messina.

Attraverso tali linee le truppe dell'asse poterono ritirarsi dai fronti occidentali e orientali dell'isola, arrivando gradualmente sino allo Stretto, nel frattempo potenziato e migliorato nei sistemi difensivi e di trasporto; quindi sbarcare uomini e mezzi in Calabria e ritirarsi verso il nord della penisola. Nei mesi di luglio ed agosto lo sforzo dell'aviazione angloamericana sulla penisola, sulla Sicilia e sull'area dello Stretto fu come detto notevolissimo, allo scopo di menomare il sistema di trasporto, distruggere le vie di comunicazione, rendere inutilizzabili le attrezzature portuali e ferroviarie e dunque arrestare e paralizzare a tutti i costi ogni attività del nemico. Esso però riuscirà a portare a compimento le operazioni di trasferimento in Calabria dei reparti della 6ª armata italiana e del XIV panzerkorps tedesco, in Sicilia dal 15 luglio.

La piazza di Messina fu retta dall'ammiraglio di squadra Barone sino al 9 agosto 1943, quindi sciolta insieme al Comando Autonomo R. M. della Sicilia e ceduta sotto il controllo tedesco, al R. E. col gen. di div. Bozzoni, che a sua volta lasciò il comando al gen. di brig. Monacci, già comandante delle truppe del R. E. Nel frattempo il XIV Panzerkorps del generale der panzetruppen Hube, aveva assunto ufficialmente il 2 agosto il controllo di tutte le truppe italo tedesche. Ciò diede ai tedeschi assoluto potere decisionale circa la condotta delle operazioni in Sicilia e in riva allo Stretto, compresa l'organizzazione difensiva e dei trasporti (oberst Baade e fregattenkapt. Von Liebenstein). Il 10 agosto tutti i restanti comandi principali italiani vennero trasferiti in continente. Nel frattempo cedeva l'ultima linea di resistenza italotedesca, con il conseguente rientro dietro le 3 linee finali di evacuazione in direzione dello Stretto.

L'ultima importante operazione di guerra effettuata nell'area dello Stretto[32], potentemente difesa, fu come accennato quella derivante dalla manovra in ritirata italotedesca dal fronte di guerra siciliano, iniziata a fine luglio. Dal 3 al 17 agosto gli italiani nonostante varie e notevoli difficoltà di ogni genere, con due pochi traghetti, piroscafi e motozzatere MZ, traghettarono in Calabria un totale di ben 62.323 uomini; 45 artiglierie; 227 automezzi; 300 motocicli; 12 muli. I tedeschi mediante mezzi Siebel, PiLaBo, e Marinefahrprahme, con 4660 traversate di cui 1400 il giorno 16, espletate mediante un efficace sistema roll-on/roll-off, evacuarono: 39.569 uomini; 9605 autoveicoli; 47 carri armati; 128 artiglierie; 17.800 tonnellate di materiale vario; di cui con l'op. Lehrgang: 25.669

---

[31] HOGG 2002, pp. 91-92.
[32] A parte lo sbarco inglese in Calabria, effettuato il 4 settembre 1943 (Op. Baytown).

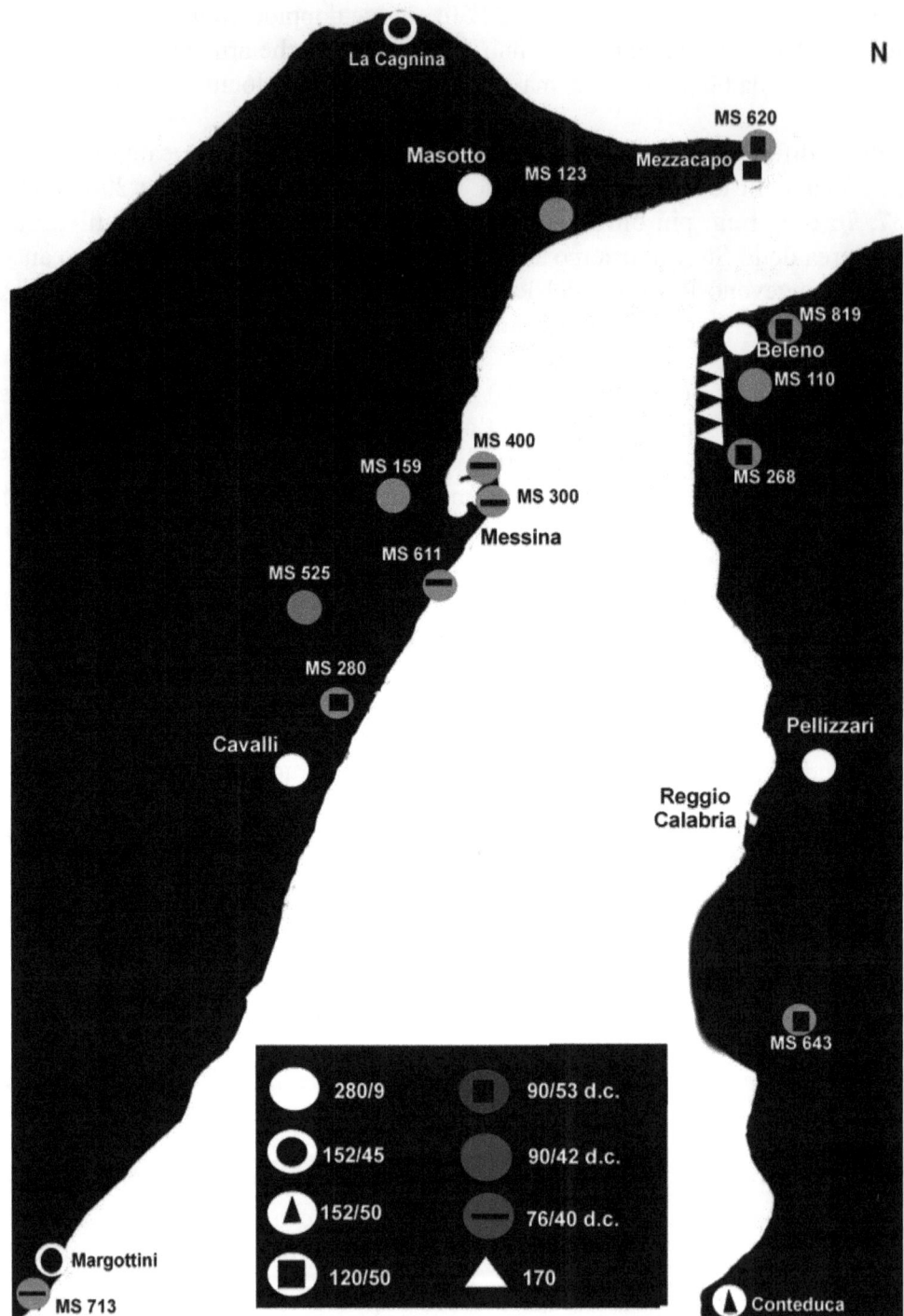

Fig. 26 Mappa della difesa costiera nel luglio - agosto 1943 (elaborazione Donato)

uomini; 40 panzer vari; 94 artiglierie; 6855 tonnellate di materiale vario. Quindi in totale da 3 al 17 agosto furono evacuati: 101.893 uomini; 10.132 autoveicoli; 173 pezzi di artiglieria; 47 carri armati; 12 muli; 17.800 tonnellate di materiale vario.

La mattina del 17 agosto le truppe americane della 7th Army americana (Lt. gen. Patton), già entrate con alcune pattuglie in città la sera precedente, dopo gli ultimi scontri sul terreno siciliano con le retroguardie tedesche, aventi il compito di contenere e bloccare l'avanzata nemica per consentire l'evacuazione dell'isola, fecero il loro ingresso ufficiale a Messina; seguite poche ore dopo da quelle inglesi dell'8th Army (gen. Montgomery). La campagna di Sicilia poteva così ritenersi conclusa con un parziale successo, non essendo le truppe angloamericane, riuscite a bloccare il nemico sull'isola così come previsto dal piano Husky. Si dovevano infatti attuare le varie operazioni di sbarco sulla penisola italiana, partendo da *Baytown* (sbarco inglese in Calabria) il 4 settembre, allo scopo di arrestare il disimpegno delle forze tedesche ancora molto forti e organizzate (Fig. 27).

In seguito a tali fatti il controllo della città passò agli alleati, (AMGOT). Nel frattempo il residuo materiale bellico di Messina comprese le batterie di artiglieria, risultava ancora in buone condizioni. Infatti ad ottobre era stata raccomandata la formazione delle guardie batteria per evitare i continui danni e l'asportazione di pezzi e materiale; nonché il riuso delle stesse con personale della R. Marina e della ipotizzata Artiglieria Marina. Il 1° gruppo legioni Milmart fu definitivamente sciolto nel dicembre del 1943. Gli ultimi reparti a gestire le vecchie batterie da 280, furono dunque la 6ª e la 14ª legione Milmart nell'ambito della piazza, passata negli ultimi giorni dalla R. Marina al R. Esercito (Fig. 28).

Con la conquista angloamericana della Sicilia e la conseguente avanzata sul fronte della penisola italiana, per la piazza di Messina si concluse un ciclo storico militare secolare, nel quale l'area dello Stretto si era spesso contraddistinta quale teatro di fondamentali e rilevanti eventi di natura politica e militare

Fig. 27 Messina 30 agosto 1943. A sinistra il generale Eisenhower, comandante supremo delle forze alleate nel Mediterraneo, e il generale Montgomery, comandante dell'8ª armata inglese. Sullo sfondo l'ingresso del porto falcato (foto NARA)

Fig. 28 Due degli ultimi ufficiali aventi incarichi di comando a Messina durante la guerra. A sinistra il generale di brigata Monacci, ultimo comandate della piazza di Messina. A destra il console Tomasello, comandante della 6ª legione Milmart. Il primo lasciò la città la sera del 16 agosto 1943, il secondo invece rimase per trattare la resa con gli americani, per poi essere trasferito in un campo di prigionia. Si notano sulla bustina le tre stellette allineate e la bordatura rettangolare dorata su panno robbio, per consoli titolari di comando di legione (foto Monacci; collezione Riccobono)

Conclusioni

Dall'analisi risulta evidente che le batterie costiere di fine Ottocento, già concettualmente superate in corso d'opera, non ebbero alcun uso e ruolo operativo circa le esigenze per le quali erano state concepite. Progressivamente dismesse e ormai già vetuste durante la Guerra Italoturca, ridotte da 21 a 15, si limitarono ad espletare attività di esercitazione. Nella Prima Guerra Mondiale, in massima parte disarmate e attive soltanto in 4, furono chiamate invano alla difesa contro le insidie di alcuni sommergili tedeschi e austroungarici. Lo stesso può affermarsi nel periodo a cavallo tra gli anni Trenta del Novecento e la Seconda Guerra Mondiale, in cui le batterie attive erano 8 sino al 1942 e 4 nel 1943, seppur come detto, l'area dello Stretto divenne importante zona di operazioni e di guerra nel quadro bellico nazionale, mediterraneo ed europeo.

Appartenenti ad un sistema a dir poco antiquato, poiché concepito in epoche considerabili ormai primitive sotto ogni punto di vista, le vecchie fortificazioni erano in tal contesto da considerarsi quasi di contorno rispetto al nuovo assetto difensivo. La difesa costiera e contraerea dello Stretto infatti si reggeva ormai su un più moderno sistema permanente di batterie nel frattempo edificato, e protetto da un corposo fronte a terra, composto da decine di opere di ridotte dimensioni, in casamatta e in barbetta. Tale sistema ancora oggi in buona parte integro, rappresenta di fatto l'ultima fase evolutiva dell'architettura militare locale e non solo, utilizzato in guerra per gli scopi per i quali fu realizzato. Quindi seppur meno pregevole dal punto di vista architettonico, è tuttavia da considerarsi, a ottanta anni dall'edificazione, importante testimonianza di un particolare momento della storia e archeologia militare, che meriterebbe appositi provvedimenti di tutela e conservazione. Le batterie di fine Ottocento invece, finita la guerra, sono rimaste nella maggior parte dei casi integre ma in abbandono, oppure riutilizzate sino a epoche abbastanza recenti in qualità di depositi munizioni e materiali vari, e quindi dismesse.

Oggi, a fronte del grande valore storico-architettonico, restano in buona parte in stato di abbandono, mentre in alcuni casi sono state recuperate e date in concessione. Tuttavia a distanza di oltre un decennio e nonostante i buoni propositi, tranne alcune eccezioni non risultano completamente tutelate e fruibili (in alcuni casi per niente) e di fatto non sono mai state oggetto di progetti culturali legati allo sviluppo economico, con risultati tangibili e concreti.

Fig. 29 Interessanti particolari e accessori delle batterie (foto Donato)

Documentazione archivistica e Bibliografia

§ *Archivi*

AUSMM
Roma, Archivio Ufficio Storico Marina Militare, Archivio XI-XIII, XXXI Milmart, I e II serie

AUSAM
Roma, Archivio Ufficio Storico Aeronautica Militare. Fondo Prima Guerra Mondiale (Comandi, Gruppi, Squadriglie)

Memorie-4°Artiglieria
Roma, Archivio Ufficio Storico Stato Maggiore Esercito, Fondo Ufficio Difesa dello Stato (1903-1915); *Memorie storiche del 4° Reggimento di artiglieria da costa,* anni 1911, 1912, 1913

National Archives
Washington, National Archives and Records Administration (NARA)

§ *Mostre*

Prima Guerra Mondiale 2014
Roma. Complesso del Vittoriano. *La Prima Guerra Mondiale 1914-1918. Materiali e fonti - Teatri di guerra*, 2014

§ *Testi editi*

AAF 1945
AAF, *Historical Office Headquarters*, Army Air Force, 1945

Artiglieria **1895**
Artiglieria 30 maggio 1848-1895, Torino 1895

Attacco-navi **1895**
Attacco delle fortificazioni costiere da parte delle navi, secondo gli scrittori militari inglesi, in «Rivista di Artiglieria e Genio», Vol. III, Roma 1895

BAGNASCO 2003
E. BAGNASCO, *Le armi delle navi italiane nella seconda guerra mondiale*, Pavia 2003

H. Bendert, *Die UC-Boote der Kaiserlichen Marine 1914-1918: Minenkrieg mit U-Booten*, Mittler 2001

BOCCARDO-PAGLIANI 1899
G. BOCCARDO, S. PAGLIANI, *Supplemento alla sesta edizione della Nuova enciclopedia italiana*, Torino 1899

Bollettini di Guerra **1973**
Bollettini di Guerra del Commando Supremo 1940-1943, Ministero della Difesa, Stato Maggiore dell'Esercito, Roma 1973

BONACINA 2006
G. BONACINA, *Obiettivo Italia. Bombardamenti aerei delle città italiane*, Milano 2006

A. Bruno, *Codice Penale per l'Esercito*, Firenze 1916

CALICHIOPULO 1897
A. CALICHIOPULO, *Considerazioni sull'esecuzione pratica del tiro delle batterie da costa*, in «Rivista di Artiglieria e Genio», Vol. I, Roma 1897

CALICHIOPULO 1899
A. CALICHIOPULO, *Tiro scalare da costa*, in «Rivista di Artiglieria e Genio», Annata XVI, Vol. I, Roma 1899

CAPPELLANO 1998
F. CAPPELLANO, *Le artiglierie del Regio Esercito nella Seconda Guerra Mondiale*, Parma 1998

CARUSO 2008
V. CARUSO (a cura di), *Messina nella Grande Guerra*, EDAS, Messina 2008

CAVALIERI SAN BERTOLO 1851
N. CAVALIERI SAN BERTOLO, *Istituzioni di architettura statica idraulica*, Vol. I, 3a edizione, Mantova 1851

CLERICI 1996
C. A. CLERICI, *Le difese costiere italiane nelle due guerre mondiali*, Parma 1996

COMANDO DEL CORPO DI STATO MAGGIORE 1875
COMANDO DEL CORPO DI STATO MAGGIORE, Sezione Storica, *La campagna del 1866 in Italia*, Tomo I, Roma 1875

DAVIS 2006
R. G. DAVIS, *Bombing the European Axis Powers, A Historical Digest of the Combined Bomber Offensive 1939-1945*, Air University Press Maxwell Air Force Base, Alabama 2006

D. X. 1872
D. X., *Alcuni cenni sulla difesa territoriale interna e delle coste d'Italia e più specialmente della frontiera nord ovest*, Torino 1872

DE LA SIERRA 1998
L. DE LA SIERRA, *La guerra navale nel Mediterraneo 1940-1943*, Milano 1998

DEL GIUDICE 2006
E. DEL GIUDICE, V. DEL GIUDICE, *La Marina Militare Italiana, uniformi fregi e distintivi dal 1861 ad oggi*, Vol. 1, Pavia 2006

DELLA VOLPE 1986
N. DELLA VOLPE, *Difesa del territorio e protezione antiaerea (1915-1943)*, USSME, Roma 1986

D'ESTE 1988
C. D'ESTE, *Bitter Victory: The Battle for Sicily, July - August, 1943*, London 1988

DE STEFANO 1904
A. DE STEFANO, *Sulle operazioni che si compiono nel casotto telemetrico delle batterie alte*, in «Rivista di Artiglieria e Genio», XII Annata, Vol. IV, Roma 1904

Diario-Comando Supremo **2002**
Diario Storico del Comando Supremo, Vol. IX, Tomi I e II, USSME Roma 2002

Esercito **1988**
L'Esercito Italiano. Storia di uomini e armi, Roma 1988

FRANZOSI 1988
P. G. FRANZOSI, *Il soldato italiano dal 1909 al 1945*, «Rivista Militare», 1988

FRERI-BESSONE 1914
O. FRERI, E. BESSONE, *Arte Militare. Trattato di Organica*, Torino 1914

GABRIELE-FRIZ 1982
M. GABRIELE, G. FRIZ, *La politica navale italiana dal 1885 al 1915*, USMM, Roma 1982

GAVOTTI 1872
N. GAVOTTI, *Al mare al mare! La difesa navale delle coste*, Genova 1872

GENTILE-OMODEO 1974
G. GENTILE, A. OMODEO, *Carteggio*, a cura di S. Giannantoni, Firenze 1974

GIORGERINI 2006
G. GIORGERINI, *Uomini sul fondo*, Oscar Storia, Trento 2006

GRANDI 1934
F. GRANDI, *Dati sommari sulle artiglierie in servizio e sul tiro*, 3a edizione, Torino 1934

HEADQUARTERS-FORCE 1943
HEADQUARTES FORCE 343, *G-2- General Information Bullettin no 17*, June 1943

HEADQUARTERS-RAF 1943
HEADQUARTERS OF ROYAL AIR FORCE, *Middle East RAF Mediterranean Review*, no. 1 May - December 1942; no. 2 January - March 1943; no. 3 April- June 1943; no. 4 July-September 1943

HOGG 2002
I.V. HOGG, *German artillery of World War Two*, London 2002

MAHAN 1994
A. T. MAHAN, *L'influenza del potere marittimo sulla storia (1660-1783)*, USMM, Roma 1994

MARCON 2005
T. MARCON, *Il Group 205 della RAF dal Nilo al Tavoliere*, in «Storia Militare», XIII, n. 143, agosto 2005

MARK 1994
E. MARK, *Aerial Interdiction: Air power and the land battle in three American wars*, Washington 1994

MIDDLEBROOK-EVERITT 2011
M. MIDDLEBROOK, C. EVERITT, *The Bomber Command war diaries. An operational reference book 1939-1945*, Midland Publishing, 2011

MILITARY INTELLIGENCE SERVICE 1943
MILITARY INTELLIGENCE SERVICE, War Department, *World War Two, a Chronology*, January, February, March, April, May, June, July, August 1943

MIRANDOLI 1891
P. Mirandoli, *Servizio delle locomotive stradali nelle piazzeforti*, in «Rivista di Artiglieria e Genio», Vol. I, Roma 1891

MIRANDOLI 1895
P. MIRANDOLI, *Nota circa il tiro ad ordinata massima colle artiglierie navali*, in «Rivista di Artiglieria e Genio», Vol. III, Roma 1895

Miscellanea **1895**
Miscellanea, in «Rivista di Artiglieria e Genio», Vol. III, Roma 1895

Norme **1895**
Norme intorno la costruzione delle batterie da costa per il tiro curvo, 1895, Roma 1895

PAPPALARDO 1904
V. PAPPALARDO, *Circa l'addestramento del personale nell'artiglieria da costa*, in «Rivista di Artiglieria e Genio», XII Annata, Vol. IV, Roma 1904

POOLMAN 1993
K. POOLMAN, *Sottomarini della Seconda Guerra Mondiale*, La Spezia 1993

PORTA 1891
E. PORTA, *Le relazioni tra la guerra marittima e la guerra terrestre*, in «Rivista di Artiglieria e Genio», Vol. I, Roma 1891

Quaderni **2004-2007**
M. P. SETTE, M. PERNA, A. DOCCI, M. G. TURCO, *Quaderni dell'Istituto di Storia dell'Architettura*, Università La Sapienza, Dipartimento di Storia dell'Architettura, Restauro e Conservazione dei Beni Architettonici, fascicoli 44-50, 2004-2007

REAULEAUX 1891
F. REAULEAUX, *Le grandi scoperte e loro applicazioni*, tr. it. di V. Pagliani, Torino 1891

Regolamento sull'uniforme **1931**
MINISTERO DELLA GUERRA, *Regolamento sull'uniforme*, Roma 1931

Relazione sulle attività **1936**
MINISTERO DELLA GUERRA, *Relazione sulle attività svolta per l'esigenza in A. O*, Roma 1936

RIGHI 1906
E. RIGHI, *Nota sulla misurazione di distanze con base verticale nelle batterie da costa*, in «Rivista di Artiglieria e Genio», XXIII Annata, Vol. I, Roma 1906

ROCCHI 1906
E. ROCCHI, *La difesa costiera al principio del XX secolo*, in «Rivista di Artiglieria e Genio», XXIII Annata, Vol. II, Roma 1906

ROCCHI 1896
E. ROCCHI, *L'attacco e al difesa delle coste*, in «Rivista di Artiglieria e Genio», Vol. III, Roma 1896

ROCCHI 1900
E. ROCCHI, *Le soluzioni dell'odierno problema costiero*, in «Rivista di Artiglieria e Genio», XVII Annata, Vol. I, Roma 1900

ROCCHI 1909
E. ROCCHI, *L'ordinamento delle difese costiere*, in «Nuova Rivista di Fanteria», Anno II, Fascicolo IV, Roma, aprile 1909

ROSIGNOLI 1995
G. ROSIGNOLI, *MVSN, storia, organizzazione, uniformi e distintivi*, Parma 1995.

RUGARI 2010
R. RUGARI, *Le batterie antinvasive di fine '800 dell'area metropolitana dello Stretto: una ipotesi di recupero e valorizzazione*, Tesi di laurea in S.C.B.A.A, Facoltà di Architettura, Università Mediterranea degli Studi di Reggio Calabria, 2010.

SALZA 1927
S. SALZA, *Come si difendono le coste*, in «Esercito e Nazione, Rivista per l'Ufficiale Italiano», VI, dicembre 1927

SANTI MAZZINI 2007
G. SANTI MAZZINI, *La Marina da guerra. Le armate di mare e le armi navali dal Rinascimento al 1914*, Milano 2007

SANTONI 1989
A. SANTONI, *Le operazioni in Sicilia e Calabria, luglio- settembre 1943*, USSME, Roma 1989

SANTONI-MATTESINI 2005
A. SANTONI, F. MATTESINI, *La partecipazione tedesca alla guerra aeronavale nel Mediterraneo (1940- 1945)*, Storia Militare, Parma 2005

SCARAMBONE 1839
L. SCARAMBONE, *Intorno a' ponti levatoi delle piazze di guerra*, Napoli 1839

TENNENT 2006
A. J. TENNENT, *British Merchant Ships Sunk by U-boats in World War One*, Eastbourne 2006

TORELLI 1864
L. TORELLI, *La difesa delle coste d'Italia*, Firenze 1864

***Traffico marittimo* 1932**
Il traffico marittimo, Vol. 1, USMM, Roma 1932

***U-boats* 1985**
U-boats and T-boats, 1914-1918, National Archives and Records Service, U.S. General Services Administration, 1985

VON DER GOLTZ 1896
C. VON DER GOLTZ, *Condotta della guerra*, tr. it. di P. Meomartino, Benevento 1896

www.ingramcontent.com/pod-product-compliance
Lightning Source LLC
Chambersburg PA
CBHW061548010526
44115CB00023B/2982